Pierre et Marie-Noëlle Van Leeuw

L'équation merveilleuse !

$$(p + q)^n = \sum_{k=0}^{n} \frac{n!}{k!\,(n-k)!} p^k q^{n-k}$$

ou

le binôme de Newton raconté à mes petits-enfants

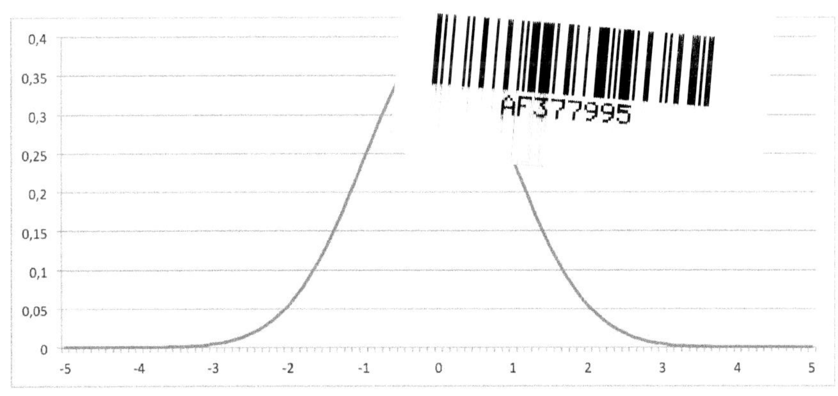

Éditions des 3 hibouks

Dépôt légal : juin 2017
© 2017, Éditions des 3 hibouks
Vlierbeekberg 113
B-3090 Overijse
http://3hibouks.com

D/2017/13.554/4   ISBN 978-2-930784-44-1

Table des matières

1.   Introduction

Cher lecteur, si vous avez lu mes livres précédents, vous connaissez déjà l'admiration profonde que j'ai pour **Isaac Newton**. Sa biographie, que je donne de façon succincte dans d'autres livres, est d'une telle richesse que j'ose la qualifier comme celle du plus grand philosophe de tous les temps ! Ses trois lois du mouvement ainsi que la gravitation universelle suffiraient déjà à le justifier. Mais c'est dans toutes les sciences de son temps qu'il a brillé.

Je vais examiner avec vous les principales conséquences philosophiques et scientifiques de " son " binôme. En partant des mathématiques combinatoires, en passant par les calculs de probabilité, nous démontrerons la loi des grands nombres et quelques-unes de ses conséquences philosophiques.

J'ai détesté le cours de statistique que j'ai subi en première année de mes études d'ingénieur civil. Un professeur pédant s'ingéniait à le rendre uniquement mathématique et le plus compliqué possible, soit par incapacité congénitale à présenter de façon simple des choses simples dont il ne voyait plus la simplicité, soit par volonté d'écraser de sa " science " les minables étudiants qu'il avait devant lui !

Je m'engage à ne pas utiliser dans ce livre de démonstration qui dépasse l'enseignement moyen en option mathématiques ni d'affirmation telle que « on démontre facilement que ». Je sais maintenant par expérience qu'il s'agit à chaque fois d'une démonstration très difficile. Je soupçonne ceux qui s'expriment ainsi de le faire pour éviter de devoir présenter devant leur auditoire quelque chose qui sans doute les dépasse.

Voilà : je me sens mieux, je me sens bien après cette mise au point.

2.   L'analyse combinatoire

Le binôme est intimement lié à l'analyse combinatoire et, plus précisément, aux combinaisons. Nous allons donc commencer par l'étude de ce que l'on appelle en mathématique les arrangements et les combinaisons. N'ayez pas peur, vous en faites régulièrement sans vous en rendre compte.

Les francophones décrivent trois variables dans l'analyse combinatoire : les permutations, les arrangements et les combinaisons. Les anglo-saxons n'en distinguent que deux : les arrangements, qu'ils appellent « permutations », et les combinaisons, qu'ils appellent « combinations ». Je suppose que les Français commencent par les permutations, car ce sont les plus simples à comprendre. Mais les permutations ne sont qu'un cas particulier des arrangements. Tout ceci sera plus clair quand nous aurons fini ce chapitre.

Comme ce texte est rédigé en français, je suis la méthode française.

2.1.   Les arrangements

Supposons que nous disposions de n boîtes numérotées de 1 à n :

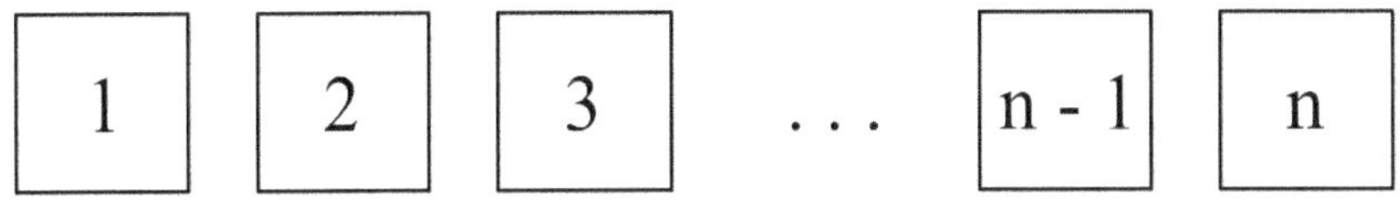

et de n cartons numérotés de même de 1 à n que l'on peut disposer dans les boîtes.

Prenons au hasard k cartons que nous casons dans les k premières boîtes. Nous obtenons un des arrangements possibles dont le nombre total est symbolisé par A_n^k. Il fait partie des arrangements de n objets k par k.

Dans la première boîte, nous pouvons placer n'importe lequel des n cartons numérotés. Il y a donc n possibilités. Dans la seconde boîte, nous avons le choix entre n-1 possibilités. Dans la suivante, n-2 possibilités et ainsi de suite jusqu'à la dernière boîte pour laquelle il y a n-k+1 possibilités.

— Comment cela ! s'exclame Greg. Pourquoi pas n-k puisqu'on a n objets à placer dans k boîtes ?

— Je pense, répond Bon-Papa, qu'il n'y a pas un seul étudiant, sauf ceux qui somnolent dans le fond de l'auditoire, qui ne réagit pas comme toi. En tous cas, j'ai eu la même réaction que toi la première fois que j'ai entendu cela !

Mais c'est bien n-k+1 qui est correct.

Supposons que $k = 5$ et $n = 60$. Reprenons notre dessin des boîtes. Quels numéros portent les cinq dernières ?

<table>
<tr><td>. . .</td><td>56</td><td>57</td><td>58</td><td>59</td><td>60</td></tr>
</table>

56 est-il égal n-k ou à n-k+1 ? demande Bon-Papa.

— Tu as raison, Bon Papa, répond Greg, mais cela paraît comme un sortilège. Il faudra que je m'y fasse !

— Nous sommes donc d'accord que le nombre d'arrangements possibles de n objets en groupes de k est égal à :

$$A_n^k = n\,(n\text{-}1)\,(n\text{-}2)\,(n\text{-}3)\,\ldots\,(n\text{-}k\text{+}1)$$

Exemple : tu as 5 petites autos auxquelles tu tiens beaucoup. Tu veux en exposer 4 sur ta tablette de fenêtre. Tu dois donc commencer par choisir 4 autos parmi les 5 et puis décider l'ordre dans lequel tu les mets. Combien de possibilités as-tu ?

Réponse : les arrangements de 5 objets 4 à 4, soit :

$$A_5^4 = 5*4*3*2 = 120$$

Quand les chiffres sont plus grands, le calcul devient difficile. N'importe quel tableur donne la réponse. Par exemple, dans Excel, cliquez sur la touche f_x, et choisissez PERMUTATION, mettez 5 pour nombre et 4 pour nombre choisi.

2.2. *Les permutations*

C'est un cas particulier des arrangements : tous les n cartons disponibles sont utilisés pour les arrangements. Ce sont donc les arrangements de n objets n à n, mais au lieu de les symboliser par A_n^n, on les symbolise par P_n et on les appelle Permutations de n objets.

En vertu de ce que nous avons vu dans le cas des arrangements, le nombre de permutations n à n de n objets est égal à :

n (n-1) (n-2) … 3 . 2 . 1

que l'on désigne aussi par *n!* On dit généralement *factorielle de n.*

P_4, ou factorielle de 4, par exemple, est égal à 4.3.2.1 = 24. Et s'écrit en abrégé " *4!* ".

Supposons que parmi les n cartons il y en ait de deux groupes. Un groupe de k cartons identiques que nous appelons p et un second groupe de $n-k$ cartons identiques entre eux, mais différents de ceux du premier groupe, que nous appelons q. Le nombre de permutations différentes des n objets est réduit, car permuter deux cartons d'un même groupe ne produit pas une permutation différente des *n* cartons.

Les cartons identiques entre eux du groupe *p* sont au nombre de *k*, il y en a donc *k!* permutations possibles. Les permutations de *q* sont au nombre de *q! = (n-k)!*

En tenant compte de ces deux permutations, on découvre que le nombre de permutations de *n* objets dont *k* sont identiques, ainsi que les autres au nombre de *(n-k)*, est égal à :

$$\frac{n!}{k!(n-k)!}$$

Particularités à ne pas oublier :
Par convention, 0! est égal à 1.
Par définition, 1! = 1 également.

2.3. *Les combinaisons*

Nous avons vu que pour chaque arrangement A_n^k, nous choisissons *k* objets parmi les *n* disponibles. Avec les *k* objets de cet arrangement, nous pouvons faire d'autres arrangements en les permutant. Pour les combinaisons, nous nous interdisons de faire ces permutations. Chaque ensemble de *k* objets n'est pris en considération qu'une fois. Alors que dans les arrangements, nous prenons ces mêmes *k* objets autant de fois qu'il y a de permutations de ces *k* objets, c'est-à-dire *k!* fois.

Les combinaisons sont symbolisées par C_n^k. Toutes les permutations de chaque arrangement *k* étant supprimées :

$$C_n^k = \frac{A_n^k}{P_k} = \frac{n(n-1)(n-2)...(n-k+1)}{k(k-1)(k-2)...3.2.1} \tag{1}$$

Si nous multiplions les deux termes de cette fraction par *(n-k)!*, il vient :

$$C_n^k = \frac{n(n-1)(n-2).....(n-k+1)(n-k)(n-k-1)...\,3.2.1}{(k(k-1)(k-2)...\,3.2.1)(n-k)!} \qquad (2)$$

ou encore :

$$C_n^k = \frac{n!}{k!(n-k)!} \qquad (3)$$

Cette formule montre l'intérêt d'avoir créé les permutations. Elle montre aussi que :

$$C_n^k = C_n^{(n-k)} \qquad (4)$$

On pouvait s'y attendre si l'on constate qu'à chaque choix d'une combinaison de C_n^k nous laissons une sélection de *(n-k)* objets.

Remarquons (équation 3) aussi que le nombre de **combinaisons de *n* objets *k* à *k* est égal au nombre des permutations de *n* objets, dont *k* sont identiques entre eux, ainsi que les *(n-k)* objets restants**.

3.   Le triangle de Pascal

Pour voir de quoi a l'air le binôme de Newton qui figure sur la page de couverture quand il est développé, voici ce que donnent les 4 premières puissances de $(p+q)^n$:

$(p+q)^0=$					1				
$(p+q)^1=$				$1p$	$+$	$1q$			
$(p+q)^2=$			$1p^2$	$+$	$2pq$	$+$	$1q^2$		
$(p+q)^3=$		$1p^3$	$+$	$3p^2q$	$+$	$3pq^2$	$+$	$1q^3$	
$(p+q)^4=$	$1p^4$	$+$	$4p^3q$	$+$	$6p^2q^2$	$+$	$4pq^3$	$+$	q^4

Vous pouvez établir chaque ligne de ce tableau en prenant la ligne précédente et en la multipliant par $(p+q)$. Multiplions par exemple $(p+q)^3$ par $(p+q)$, il vient :

$$(p^3+3p^2q+3pq^2+q^3)(p+q) = p^4+3p^3q+3p^2q^2+pq^3$$
$$\underline{+p^3q+3p^2q^2+3pq^3+q^4}$$

Ce qui est bien égal à $p^4+4p^3q+6p^2q^2+4pq^3+q^4$. CQFD

On appelle *triangle de Pascal* la pyramide des chiffres de cette table :

					1					
				1		1				
			1		2		1			
		1		3		3		1		
	1		4		6		4		1	
1		5		10		10		5		1

Elle présente un schéma constant : chaque cellule comporte un nombre qui est égal à la somme des nombres qui se trouvent dans les deux cellules de la ligne précédente qui l'entourent (1+4=5 ; 3+1=4). Nous démontrerons plus loin que ce tableau peut être calculé sur toute valeur de n par cette règle simple. Et comme prévu ci-dessus, le tableau reflète la symétrie des cases k et $(n-k)$ de chaque ligne.

4.   Les essais répétés

4.1.   Deux essais

Les essais répétés, comme leur nom l'indique, impliquent que l'on répète la même expérience plusieurs fois et que l'on mesure le résultat de l'ensemble des expériences.

Exemple : je jette deux fois une pièce en l'air et je voudrais une mesure de la probabilité que j'ai d'avoir 0, 1 ou 2 fois pile. À chacun des deux jets, j'ai 50 % de chance. Le résultat de chaque lancer est indépendant de l'autre. Pour avoir 2 piles, il faut avoir réussi deux fois.

Principe des probabilités composées [1]
Si un événement suppose la réalisation successive de deux événements A et B, sa probabilité est le produit de la probabilité de A par la probabilité de B après que A a eu lieu.

La probabilité de deux succès est la probabilité du premier, 0,5, multipliée par la probabilité du second, 0,5 (les deux jets sont indépendants), soit 0,25. Par le même raisonnement, cette probabilité est aussi celle de 0 pile.

Principe des probabilités totales [2]
Si un événement peut être réalisé de plusieurs manières s'excluant mutuellement, la probabilité de cet événement est la somme des probabilités partielles correspondant aux diverses éventualités de réalisation de cet événement.

Quelle est la probabilité de 1 pile sur 2 essais ?

Les deux éventualités de succès sont : essai 1 pile et essai 2 face, ou l'inverse. Mais il y a deux autres possibilités comme vu ci-

---

[1] A. Monjallon, « Introduction à la méthode statistique », Librairie Vuibert,
[2] Idem, p. 110

dessus : 1 pile - 2 pile et 1 face - 2 face. Sur quatre cas, deux sont favorables. La probabilité est donc de 0,5.

4.2. Les essais multiples

Nous réalisons n fois une expérience qui ne peut avoir que deux résultats : pile ou face par exemple. Dans ce cas-ci, la probabilité à chaque essai est de 0,5 pour pile comme pour face. Oubliez le cas où la pièce se retrouve sur la tranche.[3]

La question que l'on se pose est le nombre de piles, et donc de n-piles = faces, que l'on a le plus de chance d'obtenir. Et plus généralement : **quelle est la probabilité d'obtenir k succès dans une expérience exécutée n fois qui ne peut donner que deux résultats appelés *succès* ou *échecs* ?**

On désigne habituellement la probabilité d'un succès par la lettre p et celle d'un échec par q. Dans le cas d'une pièce :

$$p = q = 0{,}5$$

Supposons une suite n d'expériences. Supposons qu'elle donne k succès (chacun a une probabilité p) et $n-k$ échecs (chacun a une probabilité q). Le résultat de chaque expérience est indépendant des autres. La probabilité que cette série se présente est donc égale à :

$$p^k q^{n-k}$$

---

[3] Buffon décrit en 1777, dans son *Essai d'arithmétique morale,* qu'il a demandé à une âme innocente (un enfant) de lancer 4 040 fois une pièce de monnaie et qu'il a obtenu 2 028 fois face. Il ne mentionne aucun résultat sur tranche. Si le cas se produit parfois, je ne l'ai jamais entendu ni vu. Mais il est évident en fonction de la loi des grands nombres (voir le premier des cinq exemples ci-après) que cela s'est déjà produit ou se produira un jour. Il suffit, si cela vous arrive, de considérer cet essai comme nul !

Combien de séries peut-on constituer, avec n essais, qui présentent k succès et n-k échecs ? Toutes les permutations de n objets dont respectivement k et n-k objets sont identiques. Nous avons vu in fine de *2.3. Les combinaisons* que leur nombre est égal à C_n^k. Nous en déduisons que la probabilité, dans une série de n essais, de k succès et n-k échecs est égale à :

$$C_n^k p^k q^{n-k}$$

Nous avons vu in fine de *3. Le triangle de Pascal* que chaque chiffre est calculé en additionnant les deux chiffres l'entourant à la ligne précédente. Deux exemples sont mis en évidence dans le tableau ci-dessous. Nous allons vérifier que ces chiffres correspondent à des combinaisons.

					1= C_0^0					
				1= C_1^0		1= C_1^1				
			1= C_2^0		2= C_2^1		1= C_2^2			
		1= C_3^0		3= C_3^1		3 = C_3^2		1= C_3^3		
	1= C_4^0		4= C_4^1		6= C_4^2		4= C_4^3		1= C_4^4	
1= C_5^0		5= C_5^1		10= C_5^2		10= C_5^3		5= C_5^4		1= C_5^5

En mettant en forme de combinaison les coefficients du triangle de Pascal, nous voyons que pour que le binôme de Newton soit équivalent au triangle de Pascal, il faut et il suffit que :

$$C_n^k = C_{n-1}^{k-1} + C_{n-1}^k$$

5.   Démonstration du binôme de Newton

Ce court chapitre vous paraîtra peut-être fastidieux. Il ne présente cependant pas de grandes difficultés. Mais si vous voulez aller directement au chapitre suivant, *La loi binomiale*, il vous suffit de me faire confiance. Vous pourrez toujours y revenir si vous avez des remords ! Je ne veux pas que vous puissiez me soupçonner de passer à côté d'une démonstration qui me serait pénible.

Nous avons démontré l'équation (3) [4] :

$$C_n^k = \frac{n!}{k!(n-k)!} \tag{3}$$

Nous en déduisons logiquement que :

$$C_{n-1}^{k-1} = \frac{(n-1)!}{(k-1)!\,\big((n-1)-(k-1)\big)!}$$

Ce qui est égal à :

$$C_{n-1}^{k-1} = \frac{(n-1)!}{(k-1)!\,(n-k)!} \tag{5}$$

Nous déduisons tout aussi logiquement que :

$$C_{n-1}^{k} = \frac{(n-1)!}{k!\,(n-1-k)!} \tag{6}$$

À partir de là, nous pouvons prouver le binôme de Newton.

Pour prouver que :

$$(p+q)^n = \sum_{k=0}^{n} \frac{n!}{k!(n-k)!}\, p^k q^{n-k}$$

---

[4] Voir sous 2.3. Les combinaisons

il suffit de prouver que (3) = (5) + (6). La construction du binôme de Newton est alors identique à celle du triangle de Pascal. Pour chaque ligne du triangle de Pascal, on peut dire par construction que si la ligne n est exacte, la ligne $n+1$ l'est aussi. Ce qui revient à dire pour le binôme que s'il est correct pour n essais, il l'est aussi pour $n+1$ essais.

Nous savons que les deux constructions sont valables pour les 5 premières valeurs de n (une de ces lignes suffirait d'ailleurs).

Dans (5) + (6), mettons en évidence ce qui peut l'être. Il vient alors (5) + (6) =

$$\frac{(n-1)!}{(k-1)!\,(n-k-1)!}\left(\frac{1}{n-k}+\frac{1}{k}\right)$$

soit :

$$\frac{(n-1)!}{(k-1)!\,(n-k-1)!}\left(\frac{k+n-k}{(n-k)k}\right)$$

soit encore :

$$\frac{(n-1)!}{(k-1)!\,(n-k-1)!}\left(\frac{n}{(n-k)k}\right)$$

Nous pouvons constater qu'au numérateur :
$(n-1)!\ n = n!$

et qu'au dénominateur :
$(k-1)!\ k = k!$
$(n-k-1)!\ (n-k) = (n-k)!$

Il ne reste alors que :
$$\frac{(n-1)!}{(k-1)!\,(n-k-1)!}\left(\frac{n}{(n-k)k}\right)=\frac{n!}{k!\,(n-k)!}$$

CQFD !

6.   La loi binomiale

La loi binomiale est le binôme de Newton où $p + q = 1$. Les épreuves multiples ne peuvent avoir chacune que l'un des deux résultats : échec ou succès. Nous avons vu que les termes successifs du développement de $(p + q)^n$ donnent chacun la probabilité d'avoir 0, 1, 2, 3, …k, …n succès sur les n essais. Nous allons calculer sa moyenne et son écart-type car nous en aurons besoin pour la suite.

Je vous ai promis de ne pas écrire « *On démontre facilement que...* » Les calculs qui suivent sont difficiles à suivre. Si vous préférez me faire confiance et accepter sans discussion que la moyenne M_a de la binomiale égale np et que son écart-type σ est égal à $\sqrt{npq}$, vous pouvez, comme au jeu de l'oie, aller à la " case " 6.3. *Son graphisme*. Vous pourrez toujours étudier *Sa moyenne* et *Son écart-type* quand vous aurez des remords à ce sujet. En attendant, vous ratez un chef-d'œuvre mathématique ! Mais, *Si le client s'en fout, pensez, moi, l'employé…* comme disait Fernand Raynaud !

6.1.   Sa moyenne

La moyenne arithmétique M_a d'une variable est par définition égale à :

$$\frac{1}{n} \sum_{i=1}^{n} x_i$$

ce qui se lit : la somme de $i = 1$ à $i = n$ des n données x_i étudiées, divisée par n. Certains x_i peuvent apparaître plusieurs fois. Si le nombre de x_i distincts est c, que l'on donne la valeur n_i au nombre de fois qu'un x_i apparaît, alors la somme des $n_i = N$ et :

$$M_a = \frac{1}{N} \sum_{i=1}^{c} n_i\, x_i$$

qui peut aussi s'écrire :

$$M_a = \sum_{i=1}^{c} \frac{n_i}{N} x_i$$

On peut remplacer $\dfrac{n_i}{N}$ par f_i pour la fréquence des x_i, et alors :

$$M_a = \sum_{i=1}^{c} f_i \; x_i \qquad (7)$$

Le terme générique de $(p + q)^n$ est :

$$\frac{n!}{k!\,(n-k)!} p^k q^{n-k}$$

Il vaut la probabilité de k succès.

Nous allons l'utiliser pour établir le développement de $(p + q)^5$ dans le tableau ci-dessous. Dans la première colonne, nous indiquons les valeurs de k. Dans la deuxième, nous calculons la valeur du terme générique pour le k de la première colonne. Ce terme représente la fréquence f_i de l'équation (7). Les k représentent les nombres de succès n_i. Par exemple, pour $k = 2$, nous avons :

$$f_i = \frac{5*4*3*2*1}{2*3*2} = 10$$

En multipliant par $k = 2$, nous obtenons bien 20 en colonne 3. Et la valeur $20p^2q^3$ que nous venons de calculer, divisée par np $(5*p) = 4pq^3$.

Moyenne					
1	2	3	4	5	6
$n = 5$	f_i	*fois k*	*div/np*	$n = 4$	k
$k = 0$	$\dfrac{5!}{0!\,5!}p^0q^5$	0	0		
$k = 1$	$\dfrac{5!}{1!\,4!}p^1q^4$	$5p^1q^4$	p^0q^4	$\dfrac{4!}{0!\,4!}p^0q^4$	0
$k = 2$	$\dfrac{5!}{2!\,3!}p^2q^3$	$20p^2q^3$	$4p^1q^3$	$\dfrac{4!}{1!\,3!}p^1q^3$	1
$k = 3$	$\dfrac{5!}{3!\,2!}p^3q^2$	$30p^3q^2$	$6p^2q^2$	$\dfrac{4!}{2!\,2!}p^2q^2$	2
$k = 4$	$\dfrac{5!}{4!\,1!}p^4q^1$	$20p^4q^1$	$4p^3q^1$	$\dfrac{4!}{3!\,1!}p^3q^1$	3
$k = 5$	$\dfrac{5!}{5!\,0!}p^5q^0$	$5p^5q^0$	p^4q^0	$\dfrac{4!}{4!\,0!}p^4q^0$	4

La colonne 1 donne les valeurs de k pour $n = 5$.

La colonne 2 donne les valeurs de f_i, le terme générique $\dfrac{n!}{k!(n-k)!} p^k q^{n-k}$ valorisé.

La colonne 3 multiplie la colonne 2 par k.

La colonne 4 donne la division par np des données de la colonne 3.

La colonne 5 représente les données relatives à $n = 4$.

La colonne 6 représente les valeurs correspondantes de k pour $n = 4$.

— Bon-Papa, dit Natiouchka, les colonnes 4 et 5 sont identiques. C'est comme pour le calcul des vitesses dans l'espace-temps[5].

— Oui, Natiouchka, or les termes de la colonne 5 sont ceux de la binomiale pour $n = 4$. Leur somme est égale à $(p + q)^4$. Et nous savons que cette somme est égale à 1 puisque $p + q = 1$.

Résumons : la somme des données de la colonne 3 donne la moyenne arithmétique de la binomiale pour $n = 5$. En divisant les données de la colonne 3 par np, nous obtenons la colonne 4. Elle est identique à la colonne 5. C'est-à-dire que M_a de la binomiale pour $n = 5$ est égale à np fois la binomiale 4. Celle-ci valant 1 :

$$M_a = np$$

— Mais, Bon-Papa, dit Ciboulette, tu as établi cela pour $n = 5$. Comment certifier que c'est vrai pour n'importe quelle valeur de n ?

— À partir du terme générique $\dfrac{n!}{k!(n-k)!} p^k q^{n-k}$ valable pour n'importe quel n, répond Bon-Papa. Je vais montrer qu'en le

---

[5] Voir 8.3 *La carte géographique de l'espace-temps dans $E = mc^2$ ou l'histoire de l'équation la plus célèbre de la physique, depuis Newton jusqu'à nos jours.*

multipliant par k et en le divisant par np, on obtient le terme $k - 1$ de la binomiale $n - 1$.

$$\frac{\left(\dfrac{n!}{k!\,(n-k)!}\,p^k q^{n-k}\right) k}{np} = \frac{(n-1)!}{(k-1)!\,(n-k)!}\,p^{(k-1)}q^{n-k}$$

car $(n - k)$ qui apparaît au numérateur et au dénominateur est égal à $(n - 1) - (k - 1)$.

Prenons par exemple le terme $n = 5$ et $k = 2$, et montrons que nous arrivons au terme $n = 4$ et $k = 1$:

$$\frac{\left(\dfrac{5!}{2!\,3!}\,p^2 q^3\right) . 2}{np} = \frac{4!}{3!}\,p^1 q^3$$

qui est exactement le terme générique pour $k = 1$, si $n = 4$.

6.2. *Son écart-type*

Par définition, la **fluctuation** d'un ensemble de n données est égale à :

$$\sigma^2 = \frac{1}{n} \sum_{i=1}^{n}(x_i - M_a)^2$$

Pour la binomiale, cela donne :

$$\sigma^2 = \sum_{i=0}^{n} p_i(x_i - np)^2 \tag{8}$$

car pour la binomiale, le premier terme $k = 0$ (0 succès).

Par définition, l'écart-type est la racine carrée de σ^2. C'est la variable de dispersion la plus usitée. Nous allons maintenant la calculer. Remarquons d'abord que :

$$\begin{aligned}
(x_i - np)^2 \ &= x_i^2 - 2npx_i + n^2p^2 \\
&= x_i + x_i(x_i - 1) - 2npx_i + n^2p^2
\end{aligned} \tag{9}$$

En combinant (8) et (9), il vient :

$$\sigma^2 = \sum_{i=0}^{n} p_i x_i + \sum_{i=0}^{n} p_i x_i (x_i - 1)$$
$$-2np \sum_{i=0}^{n} p_i x_i + n^2 p^2 \sum_{i=0}^{n} p_i \qquad (10)$$

Nous savons que $\sum_{i=0}^{n} p_i x_i = np$ et que $\sum_{i=0}^{n} p_i = 1$, nous allons démontrer que :

$$\sum_{i=0}^{n} p_i x_i (x_i - 1)$$
$$= (p + q)^{n-2} \text{ multiplié par } n\,(n\text{-}1)\,p^2 \qquad (11)$$

en établissant un tableau semblable à celui que nous avons utilisé pour le calcul de la moyenne et en suivant le même raisonnement. Comme *(p+q)* à une puissance quelconque vaut 1 :

$$\sum_{i=0}^{n} p_i x_i (x_i - 1) \text{ vaut } n\,(n\text{-}1)\,p^2$$

Additionnons la valeur de tous les termes de (10) et nous obtenons :

$$\sigma^2 \; = np + n(n\text{-}1)p^2 - 2n^2p^2 + n^2p^2$$
$$= np + n^2p^2 - np^2 - 2n^2p^2 + n^2p^2$$
$$= np - np^2$$
$$= np(1\text{-}p)$$
$$= npq$$

et l'écart-type :
$$\sigma = \sqrt{npq}$$

Voici le tableau de calcul annoncé. La colonne 4 représente le produit des colonnes 2 et 3, divisé par $n\,(n\text{-}1)\,p^2$ c-à-d $5*4*p^2$. Il montre bien que les résultats repris dans la colonne 4 représentent la binomiale de $n = 3$.

Fluctuation					
1	2	3	4	5	6
$n = 5$	p_i	$x_i(x_i\text{-}1)$		$n = 3$	k
$k = 0$	$\dfrac{5!}{0!\,5!}p^0q^5$	$0\ (\text{-}1)$	0		
$k = 1$	$\dfrac{5!}{1!\,4!}p^1q^4$	$1\ (0)$	0		
$k = 2$	$\dfrac{5!}{2!\,3!}p^2q^3$	$2\ (1)$	$\dfrac{5!*2}{2!\,3!*5*4}p^0q^3$	$1q^3$	0
$k = 3$	$\dfrac{5!}{3!\,2!}p^3q^2$	$3\ (2)$	$\dfrac{5!*3*2}{3!\,2!*5*4}p^1q^2$	$3p^1q^2$	1
$k = 4$	$\dfrac{5!}{4!\,1!}p^4q^1$	$4\ (3)$	$\dfrac{5!*4*3}{4!*5*4}p^2q^1$	$3p^2q^1$	2
$k = 5$	$\dfrac{5!}{5!\,0!}p^5q^0$	$5\ (4)$	$\dfrac{5!*5*4}{5!*5*4}p^3q^0$	$1p^3$	3
Total:				$(p+q)^3$	

— Mais tu dois montrer que c'est vrai pour n'importe quelle valeur de *n*, comme tu l'as fait pour le tableau de la moyenne, dit Ciboulette.

— Exact, répond Bon-Papa. Et je vais suivre le même chemin. Je vais partir du terme générique de la probabilité pour *n* quelconque :

$$\frac{n!}{k!(n-k)!}p^k q^{n-k}$$

le multiplier par $x_k\ (x_k\text{ - }1)$ c-à-d $k\ (k\text{ - }1)$, le diviser par $n\ (n\text{ - }1)\ p^2$.

On obtient :

$$\frac{(n-2)!}{(k-2)!(n-k)!}p^{(k-2)}\ q^{(n-k)}$$

ce qui peut s'écrire :

$$\frac{(n-2)!}{(k-2)!((n-2)-(k-2))!}\, p^{(k-2)}\; q^{((n-2)-(k-2))}$$

On constate que le résultat est le terme générique pour n-2 et $k = 0$ à $(n-2)$.

6.3. Son graphisme

6.3.1. $n = 2$; $p = 0,5$

N'importe quel tableur, comme Excel par exemple, permet de représenter la probabilité de k succès :

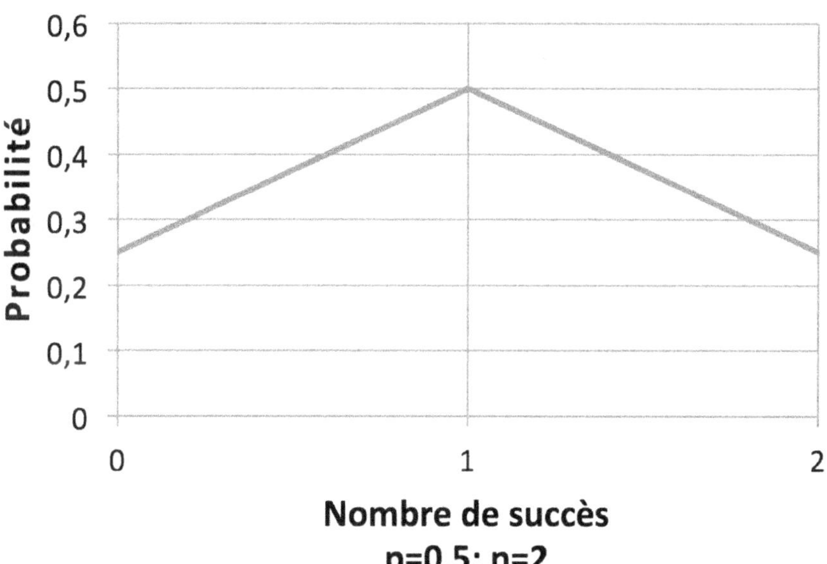

Figure 1

et la probabilité d'un nombre quelconque de k succès consécutifs :

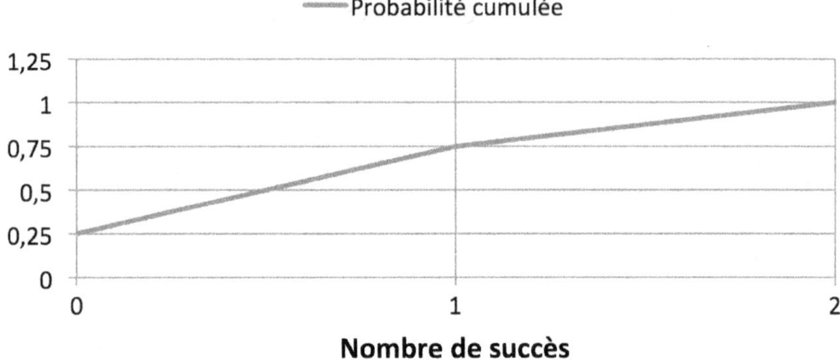

Probabilité cumulée
p=0,5; n=2

Probabilité cumulée

Figure 2

6.3.2. $n = 20$; $p = 0,5$

Le plus souvent, on doit répondre à la question « quelle est la probabilité d'avoir au moins k succès sur n essais ? ». Vous établissez alors la courbe de probabilités cumulées correspondant à n et vous lisez le résultat sur le graphique cumulé ou vous calculez cette somme dans votre tableur.

Par exemple, quelle est la probabilité d'avoir au moins 15 piles (considéré comme succès) dans 20 essais de jet d'une pièce de monnaie : vous lisez à la figure 4 qu'elle est exactement de 0,994091034 avec 9 chiffres décimaux. Vous voyez d'un coup d'œil qu'il y a très peu de chance d'avoir moins de 4 succès ou plus de 16.

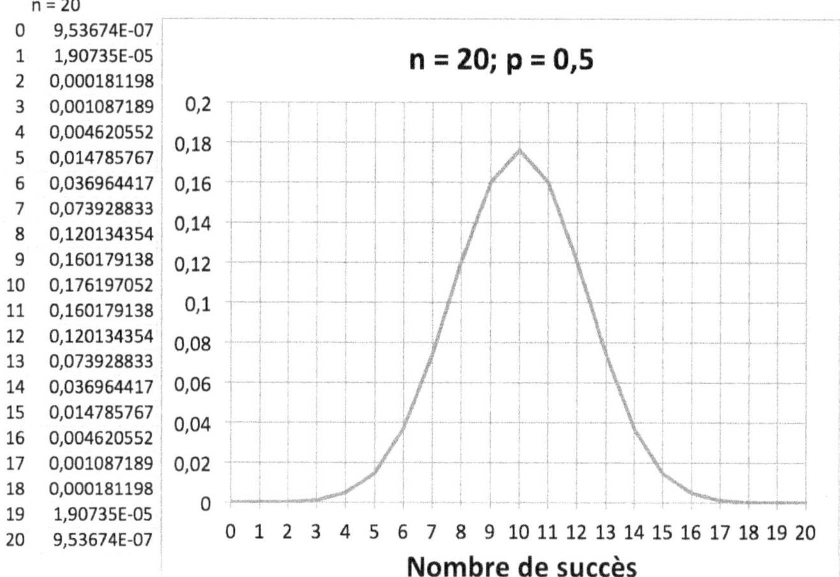

Figure 3

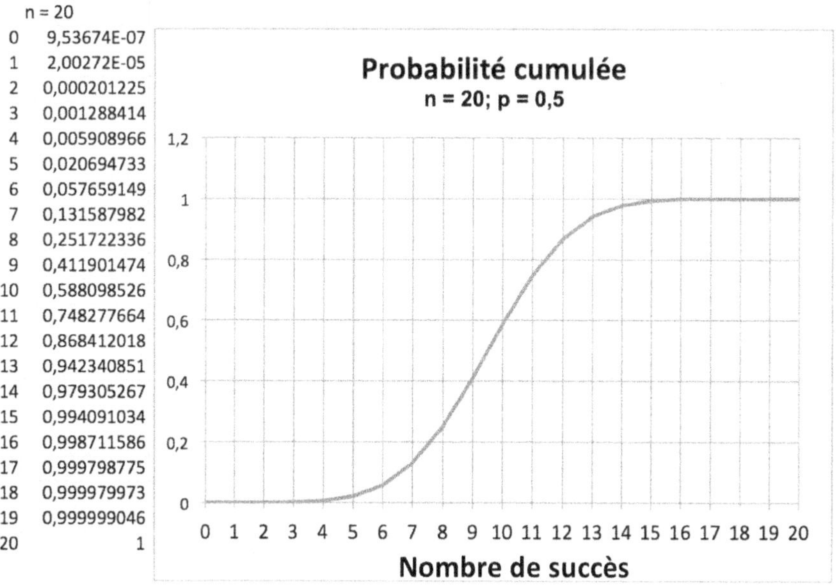

Figure 4

6.3.3. Probabilité dissymétrique : $n = 20$; $p = 0,2$

Si on considère maintenant une probabilité de succès de 0,2 au lieu de 0,5, la distribution change d'aspect :

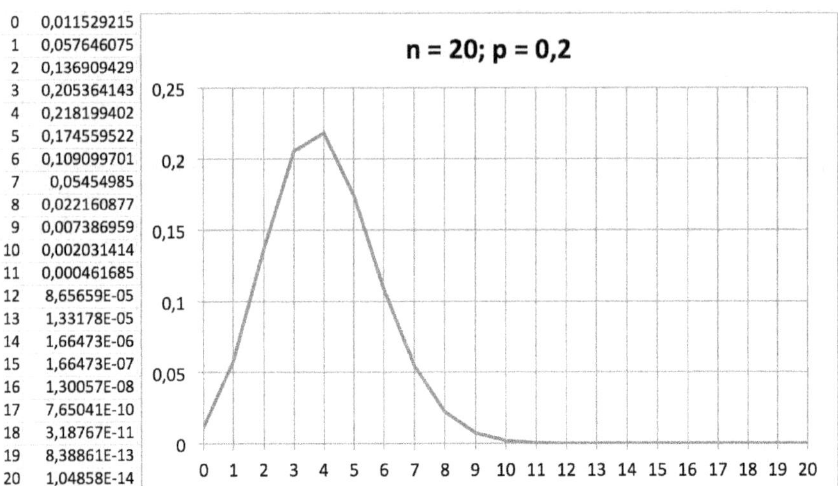

0	0,011529215
1	0,057646075
2	0,136909429
3	0,205364143
4	0,218199402
5	0,174559522
6	0,109099701
7	0,05454985
8	0,022160877
9	0,007386959
10	0,002031414
11	0,000461685
12	8,65659E-05
13	1,33178E-05
14	1,66473E-06
15	1,66473E-07
16	1,30057E-08
17	7,65041E-10
18	3,18767E-11
19	8,38861E-13
20	1,04858E-14

Figure 5

Mais on l'interprète avec la même précision et la même facilité :

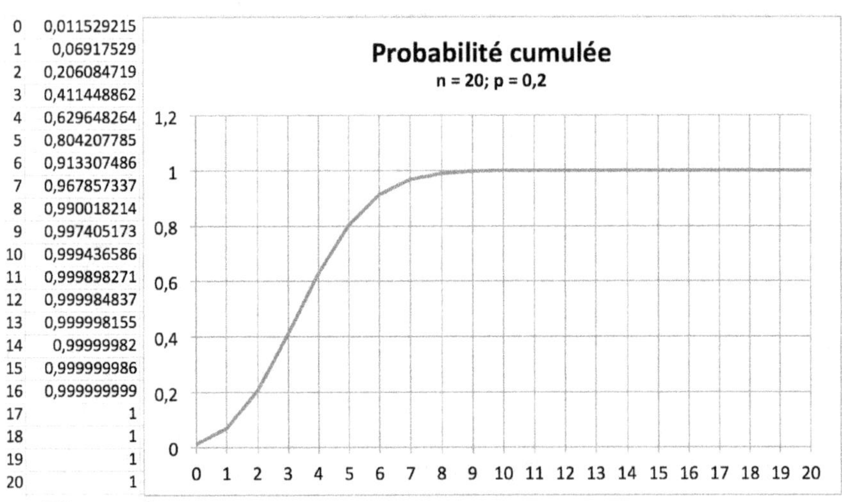

0	0,011529215
1	0,06917529
2	0,206084719
3	0,411448862
4	0,629648264
5	0,804207785
6	0,913307486
7	0,967857337
8	0,990018214
9	0,997405173
10	0,999436586
11	0,999898271
12	0,999984837
13	0,999998155
14	0,99999982
15	0,999999986
16	0,999999999
17	1
18	1
19	1
20	1

Figure 6

7. La loi normale ou loi de Laplace-Gauss

Les calculs des tableaux précédents passent par le calcul de $n!$. Le nombre n maximum calculable par Excel pour $p = 0,5$ est $n = 170$, et $170! = 7,2574 * 10^{306}$ (pour $p < 0,5$ et des valeurs plus faibles de p, n peut devenir plus élevé, comme nous le verrons ci-dessous sous *10. La loi des grands nombres*).

— C'est déjà pharamineux ! s'exclame Natiouchka.

— Oui, répond Bon-Papa. Mais je veux calculer le résultat théorique de l'expérience de Buffon. 4 040 jets de pièce pour 2 028 faces. Est-ce vraisemblable ? Nous savons que le résultat probable est proche de la moyenne, c'est-à-dire 2 020. Mais avec la binomiale, il faudrait passer par le calcul avec $n = 4\ 040$!

La loi de Gauss est alors utilisée. Pour des valeurs de $n = 50$, on ne peut plus distinguer ses résultats de ceux de la loi binomiale, sauf avec k très proche de 0. Nous verrons plus loin ce qu'il faut faire alors.

Nous n'aurons besoin que de ce qu'on appelle la loi normale réduite :

$$y = \frac{1}{\sqrt{2\pi}} e^{-\frac{x^2}{2}}$$

où e est le nombre népérien que tous les ingénieurs connaissent et qui vaut 2,71828182846 avec ses 11 premières décimales. [6]

Cette distribution a la particularité que, si on lui impose l'écart-type et la moyenne d'une loi binomiale, plus n est grand, plus les deux lois sont identiques. Je vois partout « *qu'on peut le démontrer* », mais ce que j'ai trouvé sur internet est terriblement compliqué et ma référence habituelle, l'Encyclopaedia Britannica,

---

[6] Voir la biographie de Napier.

se contente de décrire les résultats statistiques de la loi de Gauss en les comparant à ceux de la loi binomiale, ce que je vais faire aussi, de façon largement convaincante je pense. Il est probable que Gauss ou Laplace ont réussi cette démonstration il y a déjà près de 250 ans. Mais il n'y a probablement que les plus mordus de mathématiques qui savent où la trouver avec tout le profond respect qui lui est dû.

Voici ce que donnent la normale et la binomiale pour $n = 20$ et $p = 0,5$, dont la moyenne np vaut 10 et σ, l'écart-type, $\sqrt{npq} = 2,23606797749979$.

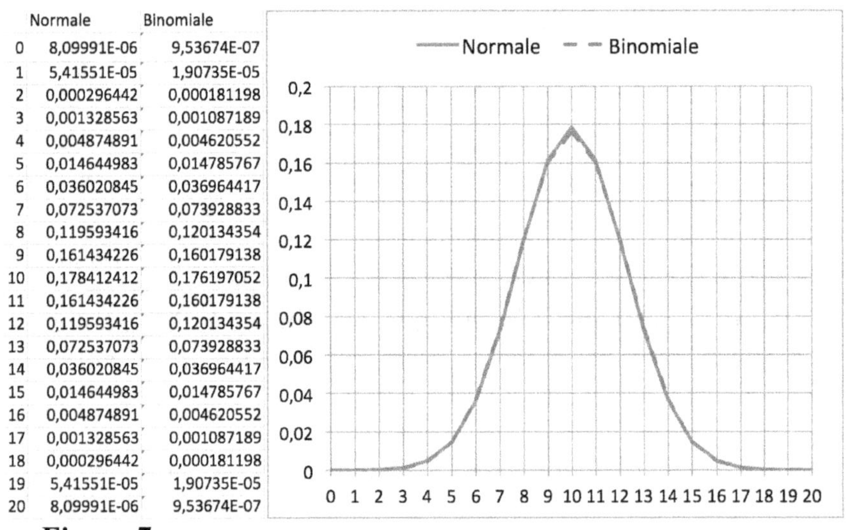

	Normale	Binomiale
0	8,09991E-06	9,53674E-07
1	5,41551E-05	1,90735E-05
2	0,000296442	0,000181198
3	0,001328563	0,001087189
4	0,004874891	0,004620552
5	0,014644983	0,014785767
6	0,036020845	0,036964417
7	0,072537073	0,073928833
8	0,119593416	0,120134354
9	0,161434226	0,160179138
10	0,178412412	0,176197052
11	0,161434226	0,160179138
12	0,119593416	0,120134354
13	0,072537073	0,073928833
14	0,036020845	0,036964417
15	0,014644983	0,014785767
16	0,004874891	0,004620552
17	0,001328563	0,001087189
18	0,000296442	0,000181198
19	5,41551E-05	1,90735E-05
20	8,09991E-06	9,53674E-07

Figure 7

L'accord n'est-il pas convaincant ? demande Bon-Papa.

— Mais ça, Bon-Papa, c'est peut-être un hasard ! déclare Ciboulette avec un air dubitatif. Et puis, il y a quelque chose qui me chiffonne ! La normale est une équation continue. Elle n'est donc pas dessinée correctement à la figure 7 car tu ne la calcules qu'en 21 points, comme la binomiale.

Comment vas-tu tenir compte de la valeur de la normale entre les 21 points quand tu voudras établir le cumul comme aux figures

4 et 6 ? Or, ces valeurs existent. Ne faut-il pas les additionner avec les 21 déjà calculées ? Mais alors, les cumuls de la binomiale et de la normale sont tout à fait différents ! Et puis, comment accumuler les probabilités intermédiaires ? Elles sont en nombre infini, rien qu'entre deux points quelconques !

Natiouchka et Greg se tiennent cois ! Ou bien Ciboulette est très forte et même si Bon-Papa lui explique où elle se trompe, ils ont bien peur tous deux de ne rien y comprendre, ou bien elle est très présomptueuse et Bon-Papa va l'écrabouiller en une phrase. Ils attendent comme l'araignée dans sa toile, qui épie les mouches sans se faire remarquer. Les pauvres petites bêtes !

Mais ils sont tout de suite tranquillisés par la réponse de Bon-Papa.

— Sibylle, répond Bon-Papa, ta question est remarquable et j'allais justement y répondre, même si tu ne l'avais pas posée. La différence de nature entre l'équation du binôme de Newton et celle de la loi normale impose un traitement mathématique différent quand on veut en comparer les résultats. Mais cela mérite l'ouverture d'un nouveau chapitre.

Les trois enfants s'attendent au pire mais n'osent pas broncher. Ils ne pensent même pas à invoquer l'heure sacrée du goûter !

8.   Probabilité et surface

8.1.   La binomiale

Reprenons la figure 3. Nous dessinons les valeurs allant de 8 à 12 en agrandissement et en rectangles juxtaposés.

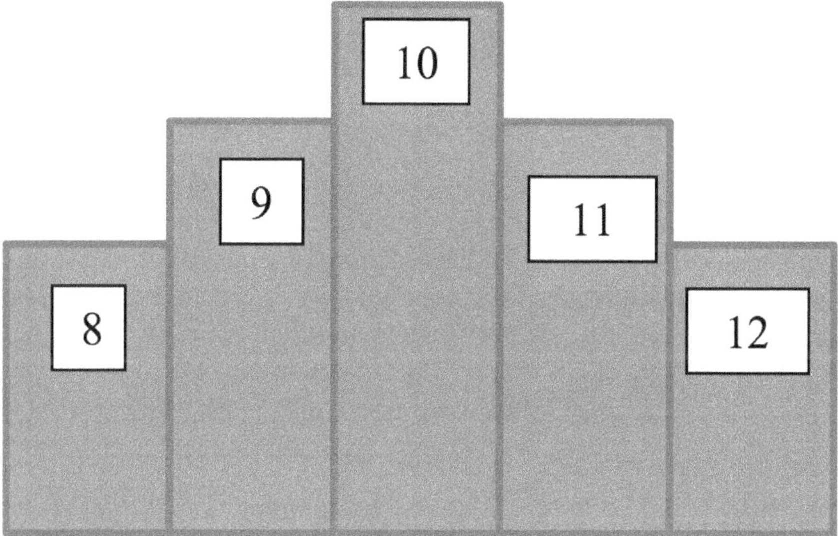

Figure 8

Imaginez le graphique complet jusqu'à l'axe des abscisses et allant en ordonnées de 0 à 20. La base de chaque rectangle vaut 1, et sa hauteur, la probabilité d'occurrence du nombre de succès indiqué. La surface du rectangle représente donc la probabilité d'occurrence. Et cela est vrai pour tous les rectangles. On peut donc affirmer que la probabilité d'un succès de n à *(n-k)* est égale à la surface des rectangles allant de n à k. Et que la surface totale de tous les rectangles est donc égale à 1. Retenez que les surfaces décrivent des probabilités.

8.2. La normale

On l'appelle souvent la courbe en forme de cloche. Pas besoin, je suppose, de vous expliquer pourquoi ! La courbe étant continue, elle a une infinité de valeurs qui vont de − à + l'infini.

8.2.1. La densité de probabilité

Je vous donne ci-dessous un graphique qui vous sera souvent très précieux. Il représente ce que l'on appelle **Loi normale réduite.** On lui impose comme unité de mesure sur l'axe des *x* la valeur de *sigma* et l'on obtient sur l'axe des *y* la **densité de probabilité** pour un *x* quelconque entre -5σ et + 5σ.

Rappelons que *sigma* (σ) est le sigle grec utilisé pour représenter dans les équations statistiques ce qu'en français on appelle l'*écart-type* et en anglais la *standard deviation*. C'est une mesure de la dispersion des probabilités sur l'échelle des succès. Cette dispersion est exponentiellement d'autant plus faible par rapport à *n*, que le nombre d'essais est grand, car on voit par $\sigma = \sqrt{npq}$ que, pour calculer σ, *n* est sous radical (d'où la loi des grands nombres présentée ci-dessous au chapitre 10).

Pour la loi normale réduite dessinée à la figure 11 ci-dessous, on voit que la probabilité de succès entre les deux premières verticales (le premier σ) vaut 34,13 %, 47,72 % pour les deux premiers σ et 49,86 % pour les trois premiers. On peut évidemment l'étendre sans problème à n'importe quel nombre de *sigmas*. On appelle **densité de probabilité** la probabilité par unité d'abscisse. C'est donc la probabilité que l'on obtient en calculant la surface d'un rectangle dont la hauteur est cette densité par l'unité d'abscisse.

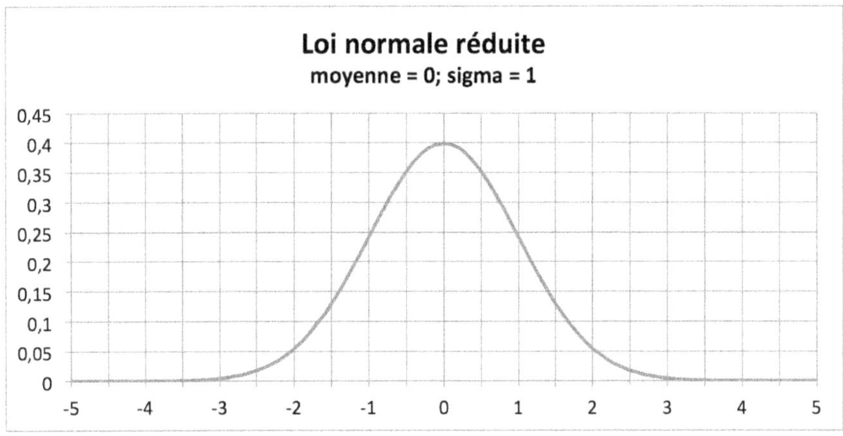

Figure 9

Les valeurs correspondantes sont données ci-dessous :

-5	1,48672E-06	-2,9	0,005952532
-4,9	2,43896E-06	-2,8	0,007915452
-4,8	3,9613E-06	-2,7	0,010420935
-4,7	6,36983E-06	-2,6	0,013582969
-4,6	1,01409E-05	-2,5	0,0175283
-4,5	1,59837E-05	-2,4	0,02239453
-4,4	2,49425E-05	-2,3	0,028327038
-4,3	3,85352E-05	-2,2	0,035474593
-4,2	5,89431E-05	-2,1	0,043983596
-4,1	8,92617E-05	-2	0,053990967
-4	0,00013383	-1,9	0,065615815
-3,9	0,000198655	-1,8	0,078950158
-3,8	0,000291947	-1,7	0,094049077
-3,7	0,00042478	-1,6	0,110920835
-3,6	0,000611902	-1,5	0,129517596
-3,5	0,000872683	-1,4	0,149727466
-3,4	0,001232219	-1,3	0,171368592
-3,3	0,001722569	-1,2	0,194186055
-3,2	0,002384088	-1,1	0,217852177
-3,1	0,003266819	-1	0,241970725
-3	0,004431848	-0,9	0,26608525

-0,8	0,289691553	2,2	0,035474593
-0,7	0,312253933	2,3	0,028327038
-0,6	0,333224603	2,4	0,02239453
-0,5	0,352065327	2,5	0,0175283
-0,4	0,36827014	2,6	0,013582969
-0,3	0,381387815	2,7	0,010420935
-0,2	0,391042694	2,8	0,007915452
-0,1	0,396952547	2,9	0,005952532
0	0,39894228	3	0,004431848
0,1	0,396952547	3,1	0,003266819
0,2	0,391042694	3,2	0,002384088
0,3	0,381387815	3,3	0,001722569
0,4	0,36827014	3,4	0,001232219
0,5	0,352065327	3,5	0,000872683
0,6	0,333224603	3,6	0,000611902
0,7	0,312253933	3,7	0,00042478
0,8	0,289691553	3,8	0,000291947
0,9	0,26608525	3,9	0,000198655
1	0,241970725	4	0,00013383
1,1	0,217852177	4,1	8,92617E-05
1,2	0,194186055	4,2	5,89431E-05
1,3	0,171368592	4,3	3,85352E-05
1,4	0,149727466	4,4	2,49425E-05
1,5	0,129517596	4,5	1,59837E-05
1,6	0,110920835	4,6	1,01409E-05
1,7	0,094049077	4,7	6,36983E-06
1,8	0,078950158	4,8	3,9613E-06
1,9	0,065615815	4,9	2,43896E-06
2	0,053990967	5	1,48672E-06
2,1	0,043983596		

8.2.2. La probabilité

La probabilité d'obtenir un succès entre deux points de l'axe des x est égale à la surface comprise entre les deux verticales correspondantes, la courbe et l'axe des x. On la calcule par l'intégrale des densités de probabilité entre les deux verticales.

On voit que la probabilité d'obtenir un succès au-dessous de –3 *sigmas* ou au-dessus de +3 *sigmas* est très faible. On peut déterminer facilement toute probabilité par la figure 10, qui donne le cumul des données pour chaque abscisse. Pour ce faire, on calcule la différence de valeur entre deux cumuls.

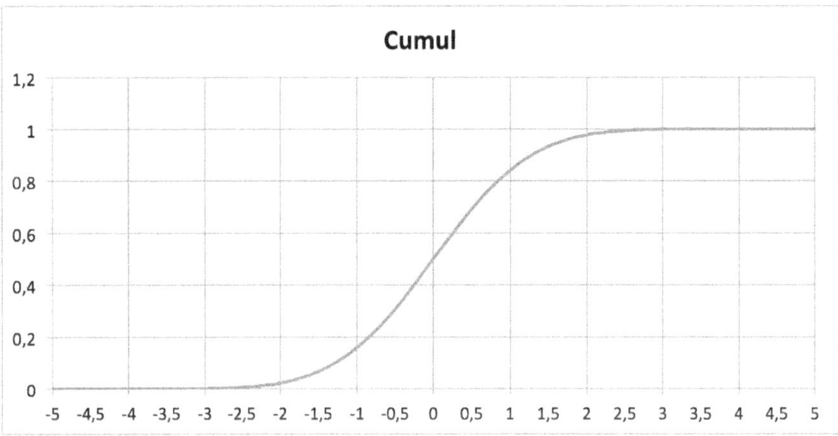

Figure 10

Les valeurs correspondantes sont données ci-dessous :

-5	2,86652E-07	-2	0,022750132
-4,9	4,79183E-07	-1,9	0,02871656
-4,8	7,93328E-07	-1,8	0,035930319
-4,7	1,30081E-06	-1,7	0,044565463
-4,6	2,11245E-06	-1,6	0,054799292
-4,5	3,39767E-06	-1,5	0,066807201
-4,4	5,41254E-06	-1,4	0,080756659
-4,3	8,53991E-06	-1,3	0,096800485
-4,2	1,33457E-05	-1,2	0,11506967
-4,1	2,06575E-05	-1,1	0,135666061
-4	3,16712E-05	-1	0,158655254
-3,9	4,80963E-05	-0,9	0,184060125
-3,8	7,2348E-05	-0,8	0,211855399
-3,7	0,0001078	-0,7	0,241963652
-3,6	0,000159109	-0,6	0,274253118
-3,5	0,000232629	-0,5	0,308537539
-3,4	0,000336929	-0,4	0,344578258
-3,3	0,000483424	-0,3	0,382088578
-3,2	0,000687138	-0,2	0,420740291
-3,1	0,000967603	-0,1	0,460172163
-3	0,001349898	0	0,5
-2,9	0,001865813	0,1	0,539827837
-2,8	0,00255513	0,2	0,579259709
-2,7	0,003466974	0,3	0,617911422
-2,6	0,004661188	0,4	0,655421742
-2,5	0,006209665	0,5	0,691462461
-2,4	0,008197536	0,6	0,725746882
-2,3	0,01072411	0,7	0,758036348
-2,2	0,013903448	0,8	0,788144601
-2,1	0,017864421	0,9	0,815939875

1	0,841344746	4	0,999968329
1,1	0,864333939	4,1	0,999979342
1,2	0,88493033	4,2	0,999986654
1,3	0,903199515	4,3	0,99999146
1,4	0,919243341	4,4	0,999994587
1,5	0,933192799	4,5	0,999996602
1,6	0,945200708	4,6	0,999997888
1,7	0,955434537	4,7	0,999998699
1,8	0,964069681	4,8	0,999999207
1,9	0,97128344	4,9	0,999999521
2	0,977249868	5	0,999999713
2,1	0,982135579		
2,2	0,986096552		
2,3	0,98927589		
2,4	0,991802464		
2,5	0,993790335		
2,6	0,995338812		
2,7	0,996533026		
2,8	0,99744487		
2,9	0,998134187		
3	0,998650102		
3,1	0,999032397		
3,2	0,999312862		
3,3	0,999516576		
3,4	0,999663071		
3,5	0,999767371		
3,6	0,999840891		
3,7	0,9998922		
3,8	0,999927652		
3,9	0,999951904		

Le cumul entre $0\,\sigma$ et $1\,\sigma$ est égal à $0{,}841344746 - 0{,}5 =$ 34,13 % (arrondi à 4 chiffres, ce qui est normalement largement suffisant). Cela veut dire que vous avez 34,13 % de chance que le résultat de votre expérience soit situé entre la moyenne et le premier *sigma*. De même, vous avez 47,72 % de chance de vous trouver entre la moyenne et le deuxième *sigma* et 49,86 % entre la moyenne et le troisième *sigma*.

Quand le CERN annonce avoir découvert le boson de Higgs avec une certitude à 5 *sigmas*, il vous dit donc qu'il estime n'avoir que 2,87 dix millionnièmes de chance de se tromper (1-0,999999713).

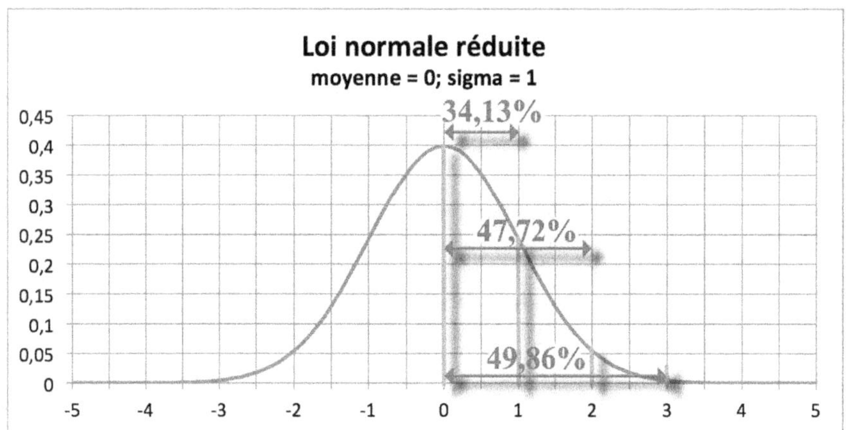

Figure 11

La figure 11 montre les droites délimitant 1, 2 et 3 *sigmas*. Les surfaces sous la courbe représentent les probabilités en % d'avoir une observation dans chacune de ces trois zones. Ces trois pourcentages sont indiqués dans le graphique.

9.   Plage utile de la loi normale et de la loi de Poisson

— Bon-Papa, c'est un peu confus pour moi, dit Natiouchka. Quand doit-on utiliser la binomiale et quand la normale ?

— Tu vas voir que c'est très simple et que bien souvent on peut utiliser celle que l'on préfère car elles donnent la même réponse. Mais quand on a le choix, je conseille d'utiliser la binomiale puisqu'elle est la loi naturelle originale. La normale n'est qu'une excellente approximation. Je vais te démontrer dans des cas très différents que ce n'est pas un hasard et qu'il faut vraiment que n soit petit pour qu'il y ait divergence.

Avec $n = 5$ et $p = 0,5$, nous obtenons :

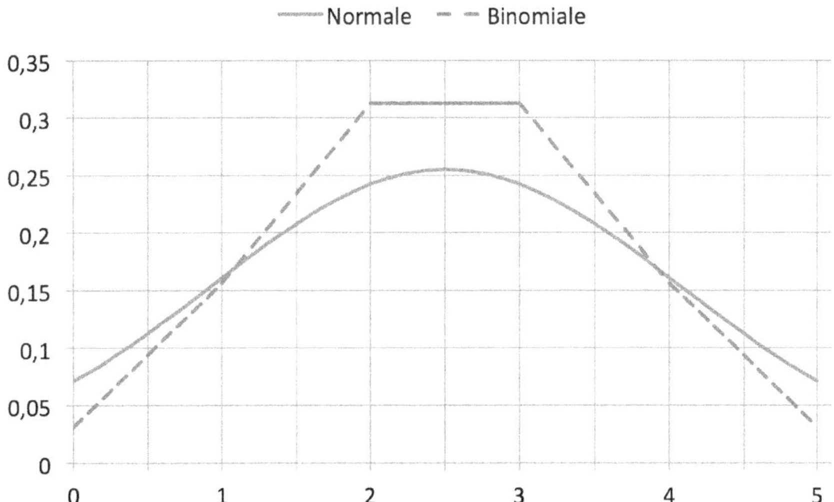

Figure 12. $n = 5$; $p = 0,5$ Comparaison de la normale et de la binomiale

et il est exclu d'utiliser la normale pour remplacer la binomiale. Pour ceux qui sont intéressés par les détails du calcul, je leur signale qu'il me fallait une cinquantaine de points pour représenter dignement la normale alors que six me suffisaient pour la binomiale. J'ai donc calculé les points intermédiaires entre ces 6 points par interpolation. Je n'ai rien dû calculer pour l'horizontale supérieure.

Si l'on ne peut utiliser la normale pour représenter le cas où $n = 5$, nous pouvons voir à la figure 7 que cela va parfaitement avec $n = 20$. Sur ce graphique, je n'ai pas dessiné la courbe de la normale, mais seulement les 20 points correspondant à la binomiale.

— Et avec $p = 0,2$ par exemple ? demande Greg.

— Nous allons compléter le graphique $n = 20$ et $p = 0,2$ avec la normale et tu en jugeras, répond Bon-Papa.

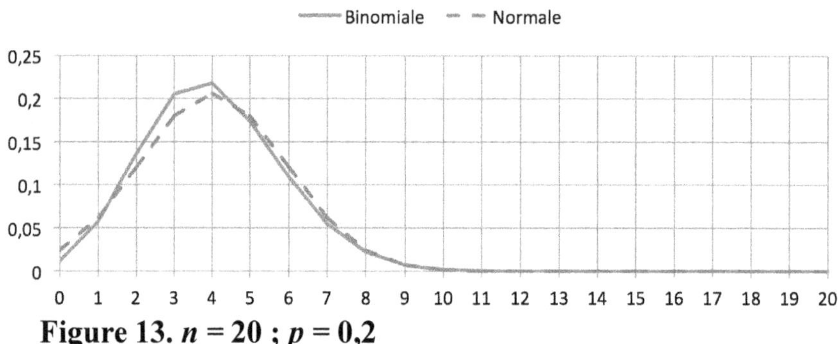

Figure 13. $n = 20$; $p = 0,2$

Ce n'est pas bon. Faisons un essai avec $n = 60$. Rappelons que, pour une probabilité de 0,5, on peut aller jusqu'à 170 ! Plus la probabilité est faible, plus n peut augmenter.

La moyenne np étant à 12, nous allons générer un graphique pour des valeurs de k allant de 0 à 25 :

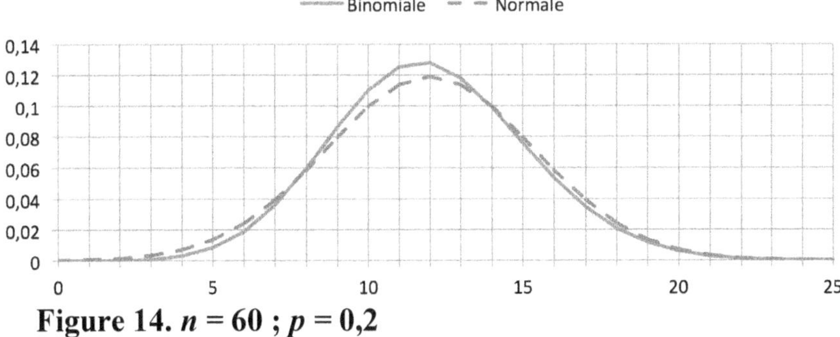

Figure 14. $n = 60$; $p = 0,2$

Ce n'est pas encore acceptable, mais c'est mieux. Car, si en comparant les graphiques vous avez l'impression que les écarts entre les deux courbes sont plus importants ici, constatez quand même que c'est car l'échelle de l'axe des ordonnées est pratiquement doublée par rapport au graphique précédent.

Avec une forte dissymétrie, il est donc recommandé de rester sur la binomiale le plus loin possible. Essayons avec $n = 120$:

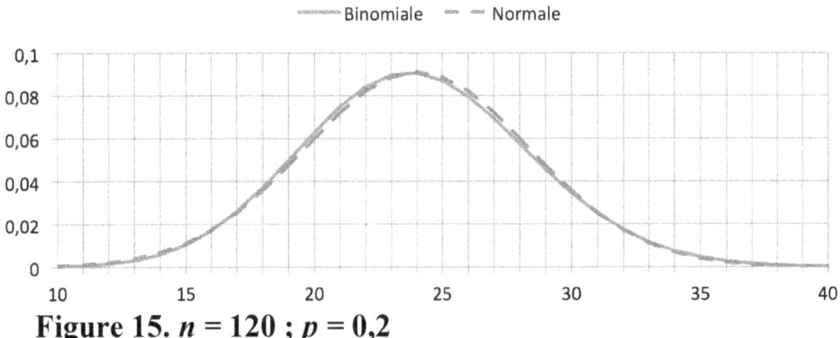

Figure 15. $n = 120$; $p = 0,2$

Cette fois, avec une échelle encore plus importante, les deux courbes sont pratiquement superposées. Or, la normale est une courbe de Gauss. Nous pouvons conclure que même les courbes binomiales perdent leur dissymétrie (pour p différent de 0,5) à mesure qu'on augmente le nombre d'essais.

Bien entendu, nous pouvons tout aussi bien établir les courbes cumulées :

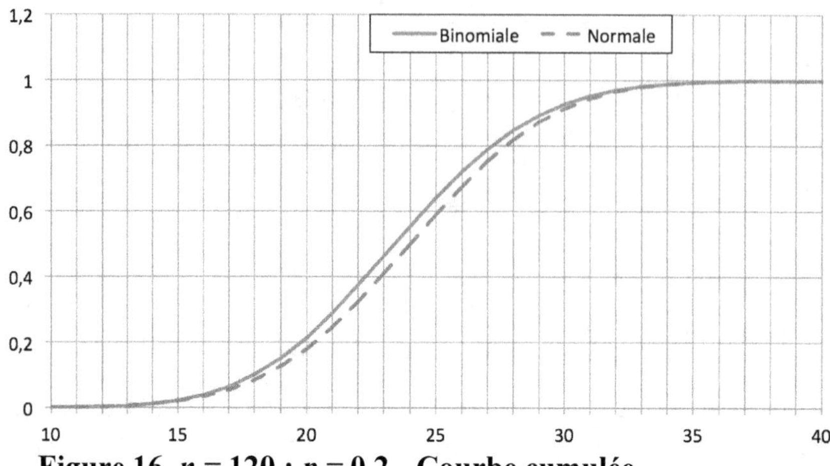

Figure 16. $n = 120$; $p = 0,2$ - **Courbe cumulée**

Pas très convaincant ! Enfin, quand on est difficile comme moi ! La précision est largement suffisante pour la plupart des problèmes statistiques à résoudre dans les activités commerciales et industrielles courantes.

Voici (figures 17 et 18) ce que cela donne pour $n = 170$ et $p = 0,2$:

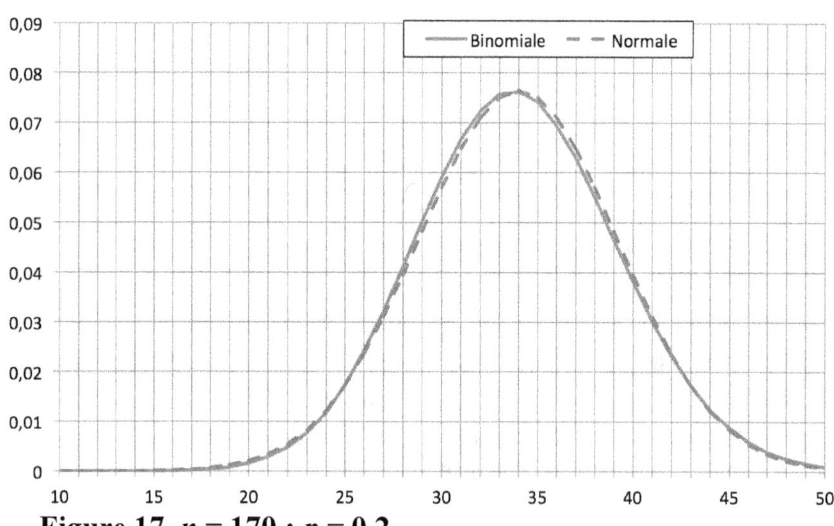

Figure 17. $n = 170$; $p = 0,2$

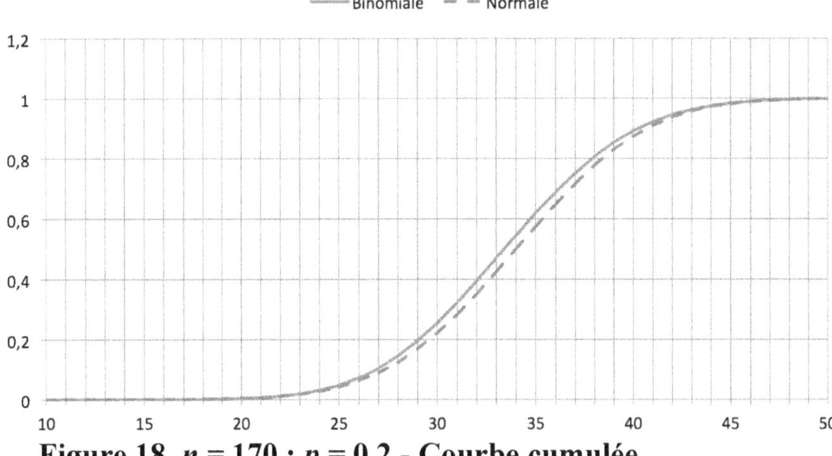

Figure 18. $n = 170$; $p = 0,2$ - **Courbe cumulée**

Pas beaucoup plus convaincant !

Les cours de statistique disent d'utiliser la Loi de Poisson en cas de dissymétrie appuyée (on cite comme limite supérieure de p 0,03). Voici ce qu'elle donne dans le cas précédent :

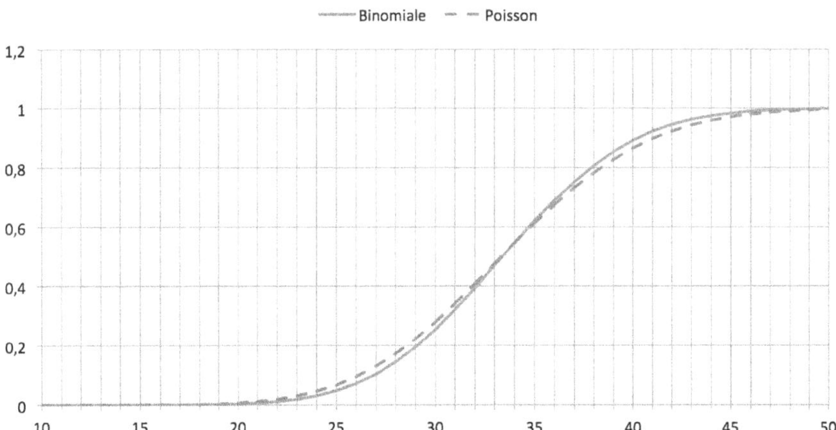

Figure 19. $n = 170$; $p = 0,2$ - **Binomiale et Loi de Poisson, courbe cumulée**

Et voici ce que cela donne avec $n = 1\ 700$ et $p = 0,03$:

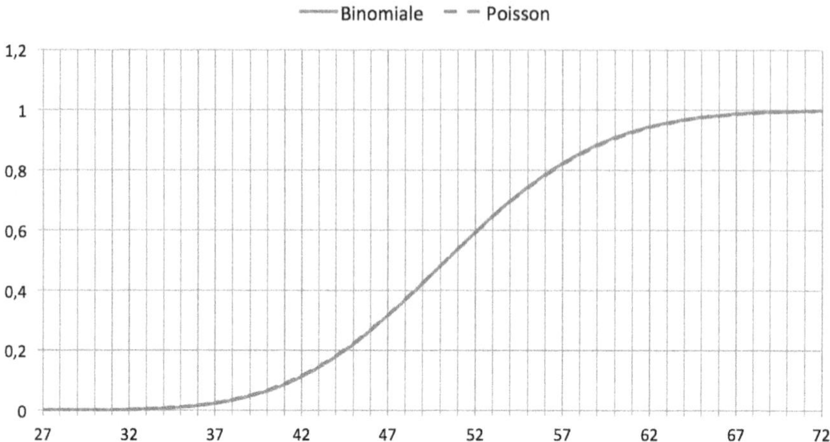

Figure 20. $n = 1\ 700$; $p = 0,3$ - Binomiale et Loi de Poisson, courbe cumulée

Le recouvrement est maintenant parfait.

La conclusion est claire : utilisez la loi binomiale tant que votre tableur le permet. Puis passez à la normale, sauf pour les fortes dissymétries où Poisson est nettement meilleur. Si vous avez accès à un super ordinateur scientifique 400 000 fois plus puissant que les nôtres (16,32 petaflops d'IBM), vous pourrez aller beaucoup plus loin dans les valeurs de n avec la binomiale, mais cela n'apportera pas plus de précision que l'usage judicieux de la binomiale, la normale et Poisson.

Là où vous hésitez, il est tellement facile et rapide d'établir les graphiques ci-dessus avec un simple tableur (avec très peu d'expérience on le fait en moins de deux minutes), que je conseille d'établir les trois et de les comparer, en donnant toujours priorité absolue à la binomiale tant qu'on peut l'utiliser. Vous aurez toujours à votre disposition au moins cinq chiffres exacts.

N'oubliez pas non plus que la binomiale est symétrique. Dans chacun des graphiques qui suit et qui précède, après établissement du graphique vous pouvez placer dans la colonne précédant la première (celle qui contient les nombres k de la binomiale), les nombres $n-k$. Et, sans rien changer aux nombres calculés, vous obtenez les nombres symétriques de la binomiale.

10.   La loi des grands nombres

La loi des grands nombres s'exprime de deux façons différentes, selon la probabilité d'un succès. Et, dans tous les cas, elle a des conséquences philosophiques et cosmologiques importantes.

10.1. p est proche de 0,5

Je vous présente ci-dessous une série de cas avec n croissant. Je prends les premiers dans ceux présentés ci-dessus. Pour rappel :

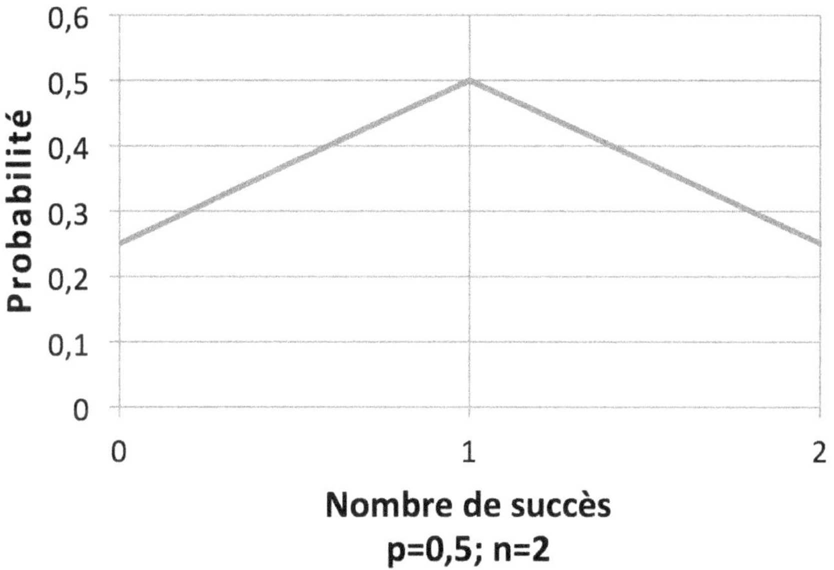

Figure 1

Vous faites deux essais avec trois résultats possibles. Les probabilités sont de 25 % pour 0 et pour 2 succès, et de 50 % pour 1 succès. Bien risqué de parier sur un des trois.

Dans le cas suivant, sur les 21 possibilités (0 à 20 égale bien 21), il paraît évident qu'il serait stupide de parier sur les trois premières et les trois dernières. La probabilité y est inférieure à 1 %. Elle vaut même pratiquement 10^{-6}, soit 1 dix millième de pourcent pour $k = 0$ ou 20.

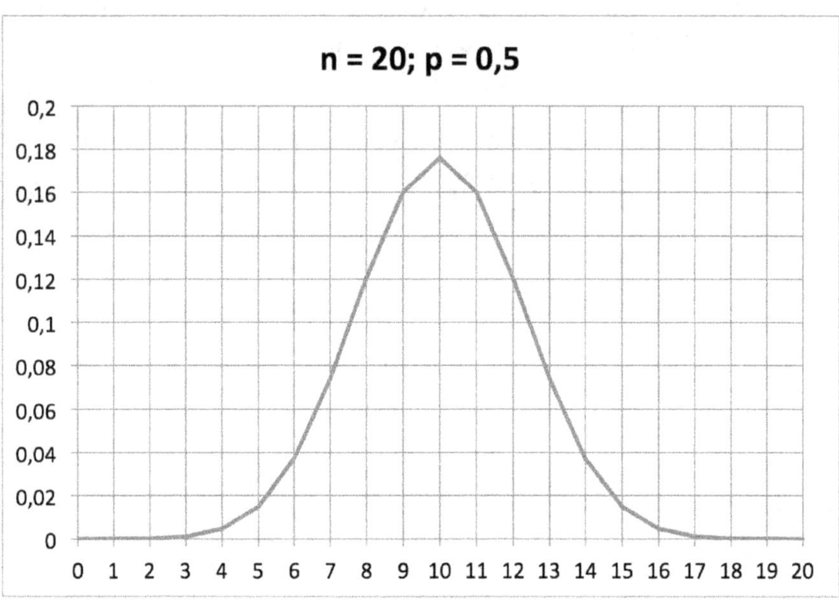

Figure 3

La plage de probabilités visiblement supérieures à 0 va de $k = 4$ à 16. Sur 21 possibilités, 17 en font partie (4 à 16), soit 13/21 = 62 %. Appelons cette plage la **Plage de probabilités visibles**.

n = 170 ; *p* = 0,5 :

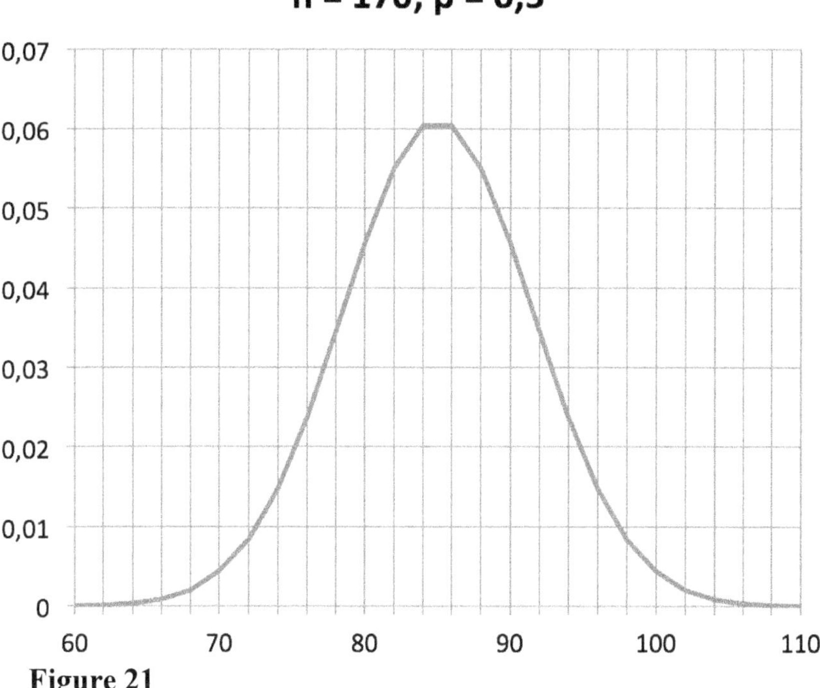

Figure 21

La Plage de probabilités visibles va de 64 à 106 et couvre donc (106-63)/171 = 25 %.

$n = 2\ 000$; $p = 0,5$:

Nous abandonnons la binomiale pour la normale :

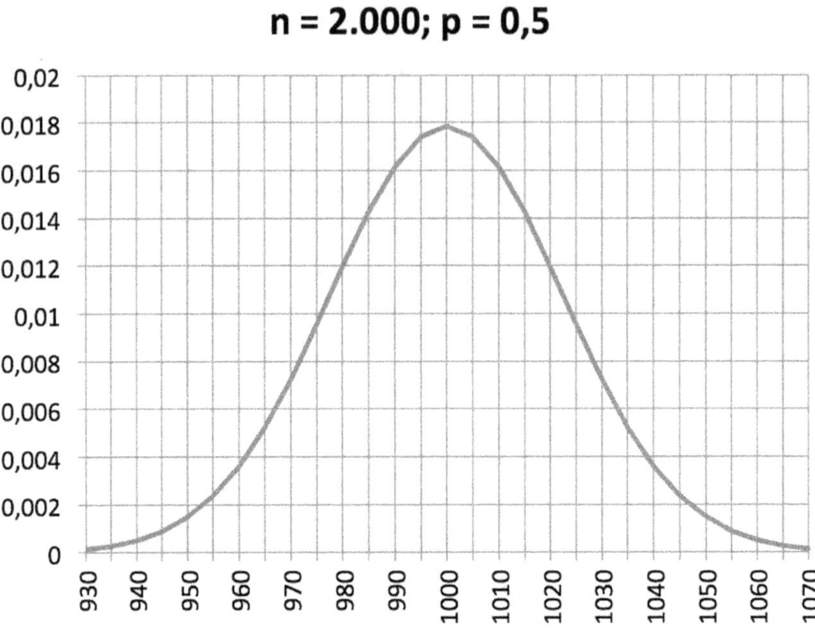

Figure 22

La Plage de probabilités visibles va de 930 à 1 070 et couvre donc (1 070 - 929)/2 001 = 7 %.

$n = 20\ 000$; $p = 0,5$:

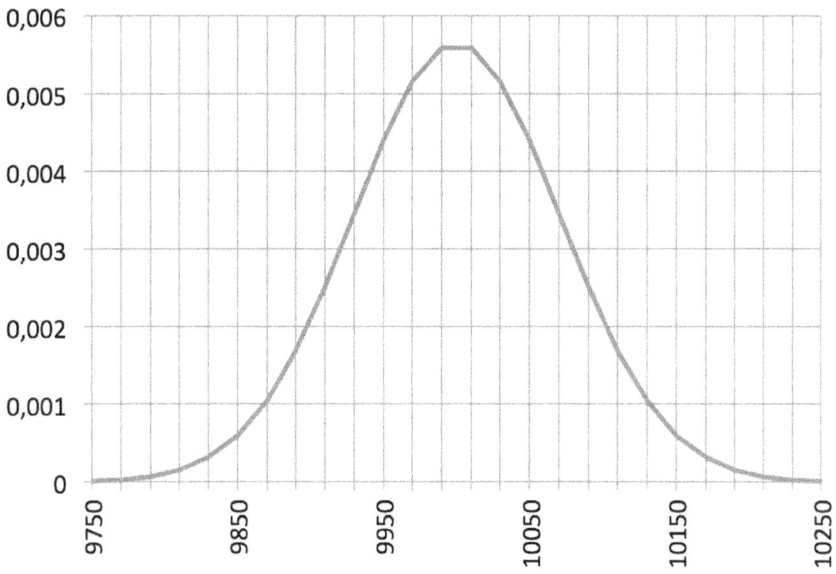

Figure 23

La Plage de probabilités visibles va de 9 770 à 10 230 et couvre donc (10 230 – 9 770)/20 001 = 2,3 %.

$n = 2\ 000\ 000$; $p = 0,5$:

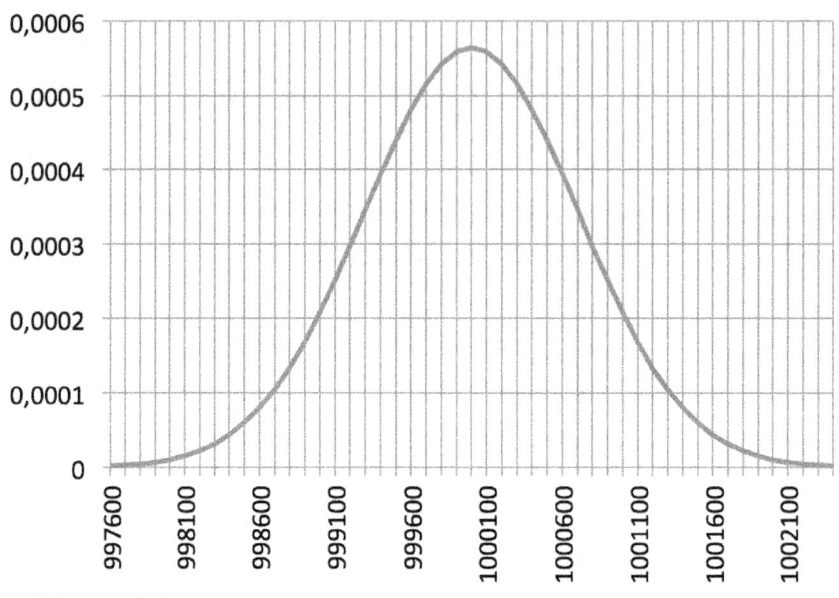

Figure 24

La Plage de probabilités visibles va de 997 600 à 1 002 400 et couvre donc (1 002 400 – 997 600)/2 000 000 = 0,24 %.

Résumons tous ces chiffres dans un tableau :

N° de la figure	Données du graphique		Plage de probabilités visibles
	n	p	
1	2	0,5	100 %
3	20	0,5	62 %
21	170	0,5	25 %
22	2 000	0,5	7 %
23	20 000	0,5	2,3 %
24	2 000 000	0,5	0,24 %

Table 1

> **Plus le nombre d'essais est grand, plus les Plages de probabilités visibles sont étroites autour de la moyenne.**

C'est prévisible à partir de la valeur de l'écart-type $\sqrt{npq}$. L'étalement de la Plage de probabilités visibles est proportionnel à $\sqrt{n}$ car p et q sont des constantes. C'est donc exponentiellement que cette plage diminue quand n augmente.

10.2. *p est proche de 0*

Voici à nouveau des graphiques, avec n croissant et $p = 0,001$ (un dixième de pourcent).

$n = 100$; $p = 0,001$:

Cette fois-ci, je calcule les trois lois pour comparer les résultats et choisir le meilleur. Je calcule la probabilité de succès sur cent essais en additionnant les probabilités autres que celles de 0. Elles atteignent un peu plus de 9,5 %. La Plage de probabilités visibles est de 2 (0 et 1) essais sur 100 essais, soit 2 %.

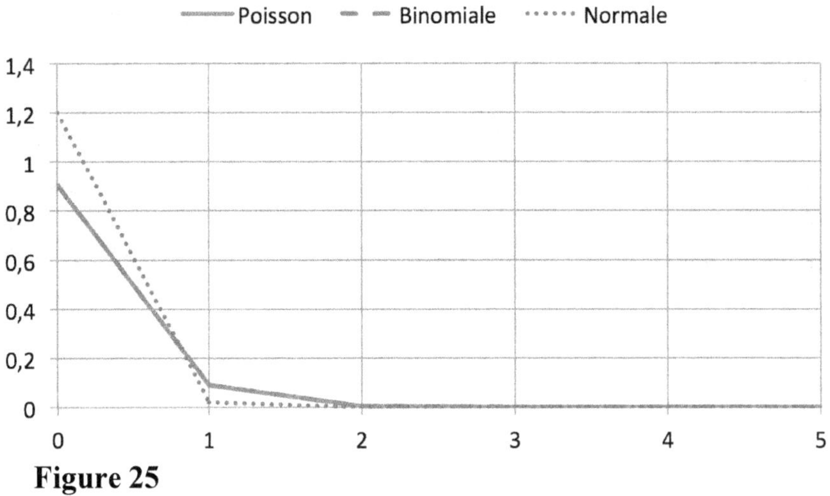

Figure 25

Poisson et binomiale coïncident parfaitement. La normale déraille complètement, avec notamment une probabilité d'échecs qui dépasse 100 % ! Nous pouvons donc utiliser Poisson et binomiale qui sont superposées. Sur 100 essais, nous avons plus de 90 % de chances de ne pas avoir un seul succès, 9 % de chances d'avoir un succès et pratiquement aucune chance d'avoir plus d'un succès. Il vaut évidemment mieux ne pas parier là-dessus !

$n = 200$; $p = 0,001$:

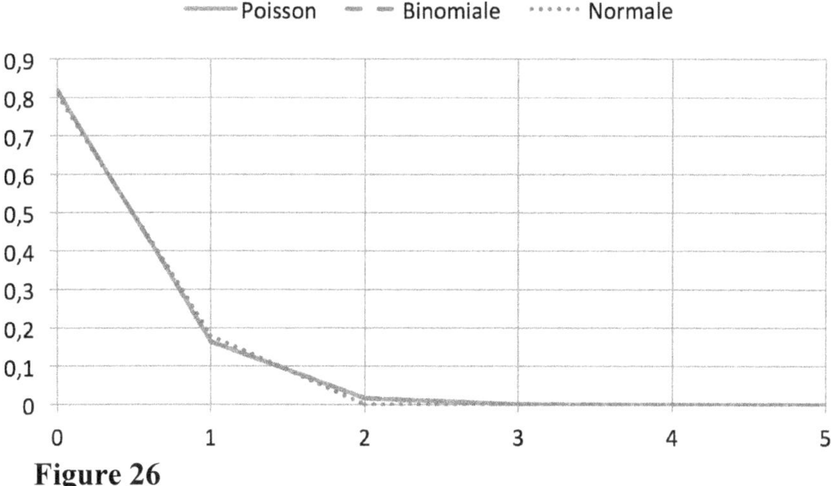

Figure 26

La binomiale ne s'écarte que très peu des deux autres. Toujours plus de 80 % de chances de n'avoir aucun succès sur 100 essais. Avec 16 % de chances d'avoir un succès et pratiquement aucune chance d'en avoir deux ou plus, je ne prendrais toujours pas ce pari ! La Plage de probabilités visibles est celle de 0 à 2 succès et vaut donc 3/200 = 1,5 %.

$n = 500$; $p = 0,001$:

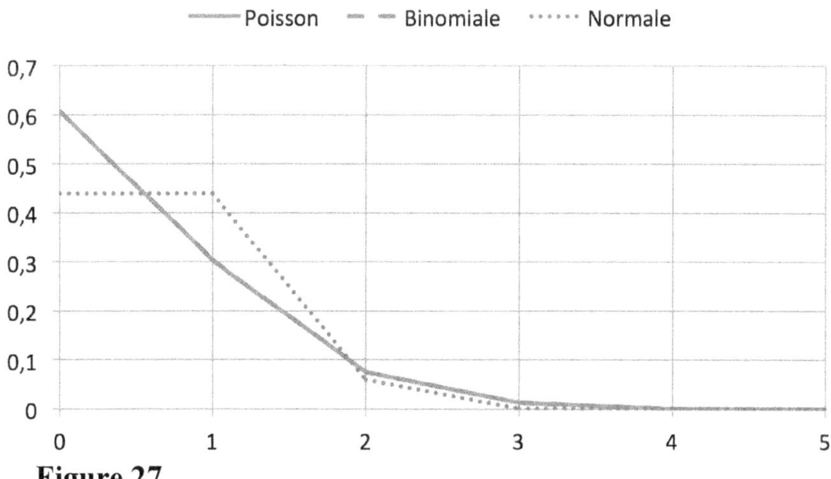

Figure 27

60 % d'échecs, 40 % de chances de succès. Ne misez pas gros là-dessus ! La Plage de probabilités visibles est encore de 0 à 2, soit 3 et est égale à 3/500 = 0,6 %.

$n = 1\,000$; $p = 0,001$:

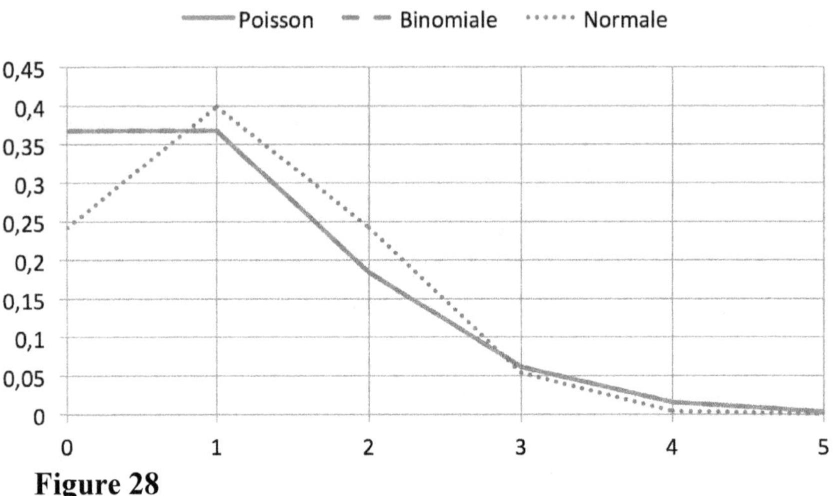

Figure 28

On voit apparaître le côté droit de la forme symétrique de la binomiale, qui va se renforcer dans les prochains graphiques vers la gauche.

Près de 37 % de probabilité de n'avoir aucun succès sur les 1 000 essais, idem pour 1 seulement. 18 % de probabilité d'avoir 2 succès sur les 1 000 essais et 6 % d'en avoir 3. Et pour cela vous avez dû jouer 1 000 fois ! La Plage de probabilités visibles va de 0 à 3, et vaut donc 0,4 %.

$n = 10\ 000$; $p = 0,001$:

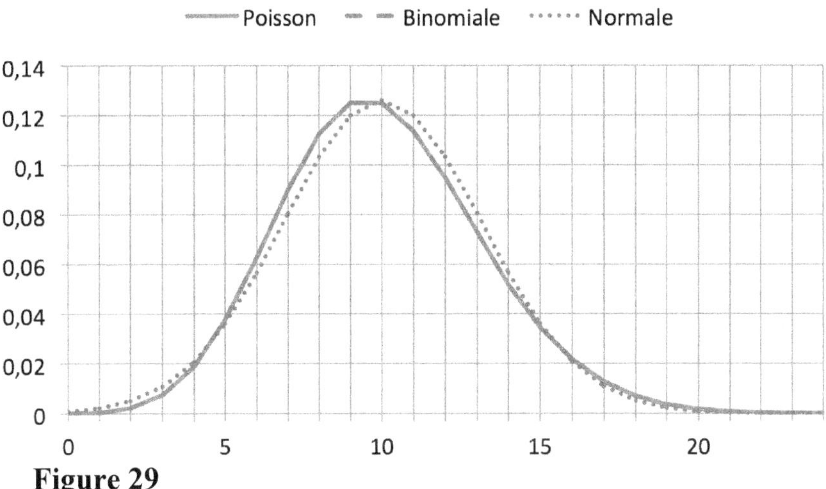

Figure 29

La normale se rapproche très fort des deux autres. Et, à peu près jusqu'à zéro, toutes les chances de succès existent. La Plage de probabilités visibles va de 1 à 19 et vaut donc 19/10 000 = 1,9 pour 1 000. La probabilité d'aucun succès vaut pratiquement 0.

$n = 1\ 000\ 000$; $p = 0,001$:

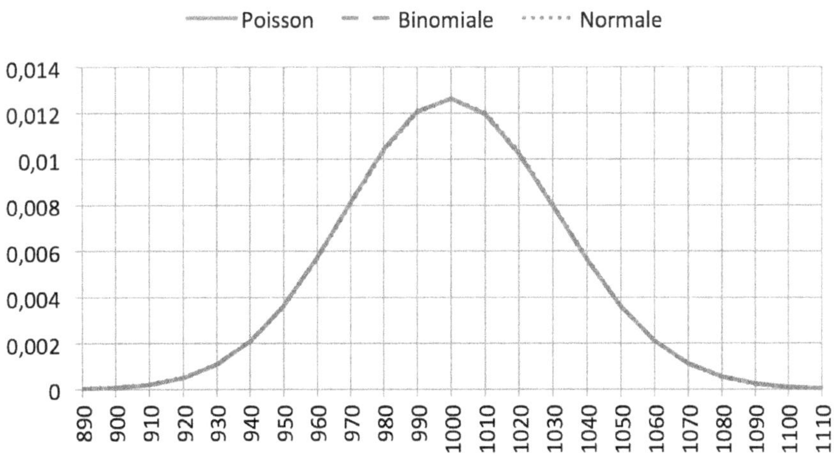

Figure 30

Les trois lois donnent le même résultat. La Plage de probabilités visibles va de 910 à 1 090, soit 180/1 000 000 et couvre donc 1,8 pour 10 000.

Résumons tous ces chiffres dans un tableau.

N° de la figure	Données $p = 0,001$	Plage de probabilités visibles	Probabilité d'aucun succès
25	$n = 100$	0 et 1, soit 2 %	90 %
26	$n = 200$	0 à 2 = 1,5 %	82 %
27	$n = 500$	0 à 2 =3/500 = 0,6 %	61 %
28	$n = 1\ 000$	0 à 4 = 0,4 %	37 %
29	$n = 10\ 000$	20/10 000 = 0,2%	Pratiquement 0 %
30	$n = 1\ 000\ 000$	0,018 %	Pratiquement 0 %

Table 2

La conclusion du tableau précédent reste valable :

Plus le nombre d'essais est grand, plus les Plages de probabilités visibles sont étroites autour de la moyenne.

Mais contrairement à $p = 0,5$, jusqu'à 1 000 essais, la probabilité de n'avoir aucun succès est très grande ou importante.
D'où la seconde constatation :

Quand la probabilité de succès est très faible à chaque essai, il faut un nombre important d'essais avant d'avoir ne fut-ce qu'une seule chance de succès.

11. Cinq exemples

11.1. *L'évolution du vivant jusqu'à l'homme*

Pour faire un homme, mon Dieu que c'est long ! chantait Hugues Aufray. Sur terre, cela a pris 5 milliards d'années.

Passer de la poussière d'étoiles aux matières planétaires inertes, aux acides aminés constitutifs obligés de la vie, aux premiers organismes unicellulaires, aux plantes qui ont produit dans les mers l'oxygène nécessaire à notre vie et à celle de nos prédécesseurs, aux espèces maritimes, aux aventuriers qui ont tenté la vie hors de l'eau, aux dinosaures, aux mammifères qui ont précédé les grands singes pour arriver aux hominidés, et finalement à l'homo sapiens (je résume très fort car il y a eu d'autres milliards d'étapes intermédiaires), a duré quelque 5 milliards d'années.

On y croit, ou on n'y croit pas, cela s'appelle depuis Darwin la théorie de l'évolution. Elle est soutenue par la quasi-totalité des savants qui combattent dès lors une autre théorie, celle des créationnistes. Grosso modo, ceux-ci, déclarant la Bible indiscutable, affirment, entre autres, que Dieu est intervenu directement il y a quelques milliers d'années pour créer de toutes pièces les premiers homme et femme.[7]

Mais revenons à nos moutons en restant sur le plan évolutionniste. La nature réalise chaque jour des milliards d'essais de modification du vivant. Au hasard des rayons cosmiques qui viennent changer la chaîne ADN des vivants, des réactions

---

[7] Pour ceux qui désirent s'attarder sur ce sujet, je leur signale qu'ils peuvent trouver mon opinion sur mon blog (http://pierrevanleeuw.wordpress.com/) dans la rubrique « Mes articles » sous la catégorie « Physique/Mécanique quantique », dans un article intitulé « Le mysticisme quantique est un oxymore audacieux ».

chimiques dues à la rencontre fortuite d'un ou de plusieurs éléments chimiques sous une température aléatoire, des conditions électromagnétiques tout aussi aléatoires, etc. Et cela, depuis des milliards d'années. Supposons tout à fait arbitrairement que cela fasse de l'ordre de 10^{20} essais depuis le début de la terre. Et, pour produire l'homme, ces essais devaient se succéder dans l'ordre convenable à l'évolution depuis la pierre et la boue jusqu'à l'homme.

Quelle était la probabilité moyenne de succès de chacun de ces essais pour que nous soyons présents sur terre ? Certainement très faible : les mutations se faisant au hasard avaient beaucoup plus de chances d'être nocives que bénéfiques. Mettons cette probabilité à 10^{-10}. Ces deux chiffres sont évidemment purement arbitraires. Mais la probabilité est tellement énorme, tenant compte du nombre d'essais, qu'il était inévitable que l'homo sapiens apparaisse un jour, si sa production était possible.

Au niveau de l'Univers, qui a tout le temps devant lui, on peut modifier ***Quand la probabilité de succès est très faible à chaque essai, il faut un nombre important d'essais avant d'avoir ne fut-ce qu'un seul succès*** en :

> ***Dans la nature tout ce qui est possible s'est produit, se produit ou se produira un jour.***

Des savants disent que l'arrivée de l'homme sur terre tient du miracle, tellement sa venue était improbable, vu la complexité inimaginable pour passer de l'inanimé à l'animé. L'athée répond : *« Moi, je ne crois pas aux miracles et j'affirme que la nature humaine était possible sur terre, la preuve c'est qu'elle y est et y fleurit abondamment. L'homme était possible, mais, nous l'admettons aisément, très peu probable. Mais comme dans l'Univers, **tout ce qui est possible se produit un jour**, l'homme devait s'y trouver un jour. Pas besoin d'un créateur spécifique ! »*

Les créationnistes répondent aux évolutionnistes : *« Supposons que vous ayez raison et que l'homme soit le fruit d'une longue évolution. Qui alors a créé les lois de la nature qui rendent cette évolution inévitable ? »*

Ceux d'entre vous qui sont choqués par ce qui précède le seront encore plus par ce qui suit. Notre galaxie comporte 200 milliards d'étoiles. L'univers visible comporte 200 milliards de galaxies. L'univers total (voir le chapitre 10 de « *E = mc^2 ou l'histoire de l'équation la plus célèbre de la physique, depuis Newton jusqu'à nos jours* ») est très largement supérieur à l'univers visible. Cela fait bien plus que les 10^{22} étoiles situées dans notre champ visible, chacune avec plusieurs planètes. Et l'homme serait le seul être intelligent de l'univers ? Alors que l'univers a pu faire bien plus que 10^{22} fois plus d'essais ?

Cela me paraît impossible. Il doit y avoir dans l'univers des dizaines, des centaines, des milliers, peut-être des millions de planètes habitées par une vie intelligente. Mais les distances sont telles, le moment dans lequel ces espèces ont vécu avant de disparaître est tellement étendu (des dizaines de milliards d'années peut-être) qu'il y a peu de chances que nous en rencontrions un jour l'une ou l'autre. Il est sans doute tout à fait vain de discuter sur la Révélation de Dieu à ces espèces. Je ne vois pas d'où ceux qui affirment que nous sommes les seuls à avoir reçu La Révélation tirent leur certitude.

Comme je l'explique dans mon blog, la raison des savants peut expliquer le **comment**. Elle ne recherche pas le **pourquoi**. La foi décrit le **pourquoi**, parfois sans accorder le moindre poids au **commen**t s'il contredit son **pourquoi**. La discussion entre les deux est vaine et stupide. Toutes deux sont éminemment respectables, chacune dans son domaine. Pour la science, la raison, pour la religion, la foi. Ne les mélangeons pas. L'histoire humaine a suffisamment montré, et montre encore tous les jours, que le mélange est détonnant !

11.2. Le paradoxe EPR

J'ai exposé un cas pratique dans « *Dieu joue-t-il aux dés ? ou le paradoxe EPR expliqué à mes petits-enfants* ». Après avoir montré le parallélisme entre le comportement de deux photons imbriqués et les virevoltes des trois enfants sur la glace, nous devions décider si Bohr avait raison quand il affirmait que la mesure simultanée des spins de deux électrons imbriqués devait donner 50 % d'opposition, alors qu'Einstein affirmait qu'il y aurait 55 % d'opposition.

J'avais alors eu le privilège de révéler à ces deux immenses savants que des dizaines de milliers d'expériences avaient été réalisées après leur mort et que, statistiquement, elles donnaient raison à Bohr, qui affirmait 50 %.

Mais, avait objecté Einstein, n'y a-t-il pas suffisamment d'imprécision dans ces mesures pour pouvoir les mettre en cause ? J'avais répondu qu'effectivement il y avait des imprécisions, mais que le contrôle par les lois de la statistique – je faisais allusion au binôme de Newton – permettait d'affirmer avec une certitude suffisante que le résultat de 50 % était celui de la nature.

Le graphique ci-dessous représente les densités de probabilité de succès sur 10 000 essais. La moyenne à 50 % est de 5 000 succès, à 55 %, de 5 500 succès. Aucune possibilité de confusion. Pour 50 %, la possibilité d'avoir un nombre de succès de l'ordre de 5 340 est de l'ordre de 10^{-13}, soit un cent milliardième de pourcent, alors qu'elle est encore inférieure à 5 cent millièmes pour la probabilité de 55 %.

Le paradoxe EPR
50%
55%
Probabilités
0,009
0,008
0,007
0,006
0,005
0,004
0,003
0,002
0,001
0
4800
4900
5000
5100
5200
5300
5400
5500
5600
5700
Nombre d'essais

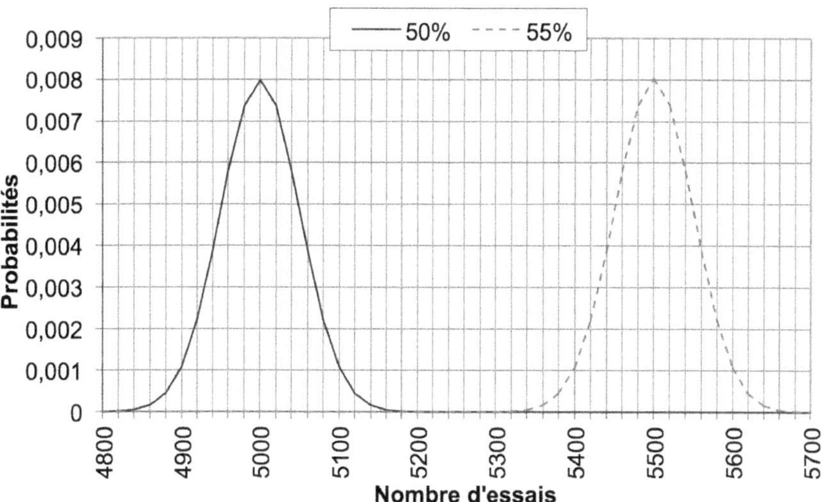

Figure 31

11.3. L'expérience de Buffon

Je vous rappelle la note 3 : Buffon décrit en 1777 dans son *Essai d'arithmétique morale* qu'il a demandé à une âme innocente (un enfant) de lancer 4 040 fois une pièce de monnaie et qu'il a obtenu 2 028 fois face.

Voici la loi normale correspondant à cette expérience. La verticale rouge est tracée au droit de l'abscisse 2 028, correspondant au nombre de succès obtenus par l'âme innocente. Elle est à moins d'un tiers de *sigma* de la moyenne, en pleine zone la plus probable.

Mais, le binôme de Newton étant une loi naturelle, aussi naturelle que la vitesse de la lumière dans le vide ou que les divagations des géodésiques en fonction du mouvement des masses de l'univers, comment aurait-il pu en être autrement ?

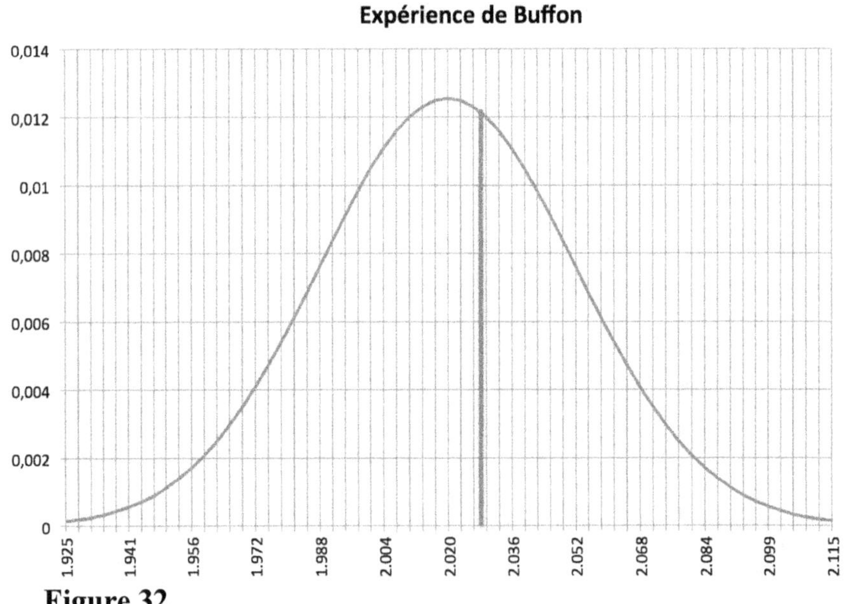

Figure 32

11.4. La roulette au casino

Il y a trente-cinq ans, je jouais tous les ans pendant deux heures à la roulette avec mes étudiants. Pour du beurre bien sûr. Mon but était triple :

• Leur montrer que, tout simple objet inanimé qu'elle soit, la roulette obéit rigoureusement à la loi binomiale.

• Leur montrer que ceci se vérifiait, que ce soit sur le pair et impair, un n° individuel, ou toute autre combinaison que le joueur peut imaginer ; **sur les grands nombres**, le joueur est toujours perdant.

• Enfin, leur montrer que la binomiale, couplée à un choix judicieux des mises successives calculées par mon programme, permettait avec certitude de ne jamais perdre une fortune et laissait une faible probabilité raisonnable de gain, parfois substantiel.

11.4.1. La roulette obéit au binôme

Nous jouions pair et impair, la façon la plus élémentaire de jouer à la roulette. Nous enregistrions tous les résultats et les calculs résultants sur ordinateur. Vers la fin du cours, nous reprenions les données enregistrées et nous les comparions à la loi binomiale. Pour toutes les distributions enregistrées, la loi binomiale était respectée. La roulette, simple objet matériel faisant partie de la nature, obéissait à la loi binomiale !

11.4.2. Pourquoi se ruiner au casino ?

« Dix-sept fois ?
Oui !... La rouge a passé dix-sept fois !
Est-ce possible !
C'est peut-être impossible, mais cela est !
Et les joueurs se sont entêtés contre elle ?
Plus de 900.000 francs de gain pour la banque !
Dix-sept fois !... Dix-sept fois !
Il y a plus de quinze ans que cela ne s'était plus vu ! »

(Jules Verne – Mathias Sandorf – Quatrième partie –
Chapitre 3)

C'est ainsi que le banquier Silas Thoronthal, banquier véreux et criminel *« était réduit à la misère à bref délai »*.

Je vais d'abord montrer la raison pour laquelle les flambeurs perdent leur fortune en un rien de temps. Chaque flambeur croit dur comme fer qu'il connait « LA martingale » infaillible. La plus connue et la plus bête est de doubler la mise jusqu'à gagner. Si un gain est égal au double de la mise, il suffit d'un gain après toutes les pertes précédentes pour rembourser presque toutes ces pertes par la moitié du gain et encaisser l'autre moitié définitivement.

Combien de fois pouvez-vous doubler ainsi la mise ?

Natacha, qui calcule vite, se met dans la peau du joueur et répond :
— Cela dépend de ma richesse personnelle et de la confiance que m'accorde le casino.

— Incomplet, dit Bon-Papa. Cela dépend en plus du règlement d'ordre intérieur qu'impose le casino. Nous allons voir tout cela en détail.

11.4.3. Ta richesse personnelle et la confiance du casino

Regarde le tableau suivant. Il décrit ta situation si tu perds 10 fois de suite.

Numéro des mises successives	Mises et perte à chaque essai	Pertes cumulées
1	1	1
2	2	3
3	4	7
4	8	15
5	16	31
6	32	63
7	64	127
8	128	255
9	256	511
10	512	1 023

Table 3

Le problème est que $2^{10} = 1\ 024$. Ce qui veut dire que si la roulette t'est dix fois défavorable sur des chances simples, tu dois miser, après avoir perdu 9 fois, les sommes croissant exponentiellement, 1 024 fois ta mise initiale. Si ta première mise est de 100, tu dois miser 102 400, après avoir déjà perdu 102 300 ! Autant dire que bien avant cela, le casino t'aura demandé des garanties que peu de joueurs peuvent faire valoir.

Mais c'est vrai qu'il y a des personnes suffisamment riches pour ne pas avoir de problème à ce niveau. C'est pourquoi, depuis toujours, tous les casinos garantissent leur survie par le règlement sur les mises.

11.4.4. Les mises minimale et maximale

Si tu gagnes la 10ème fois, c'est la banque qui doit te payer 204 800. Et ça, elle n'aime pas du tout ! Même si elle a commencé par gagner 102 300.

Remarque que la base du système est de doubler la mise à chaque coup que l'on perd, jusqu'à gagner. En principe, tu es alors comme le lévrier qui court derrière le lapin mécanique du champ de course, sans jamais l'atteindre. En tous cas, c'est la position dans laquelle tu te mets avec cette martingale et le règlement des casinos. Et c'est dans cette position que le règlement va s'efforcer de te maintenir. Le rapport entre la mise minimum et la mise maximum est souvent de l'ordre de 150 à 200. Tes mises, si tu les doubles chaque fois que tu perds, sont reprises au tableau ci-dessus.

Après ta 8ème mise, tu ne peux plus doubler. Et si tu t'entêtes, tu es dans la position du lévrier dont la vitesse serait artificiellement limitée. Tu ne peux plus miser à chaque coup que la mise maximum, toujours la même, et le casino joue sur du velours comme je vais te le montrer maintenant.

Il y a 36 chiffres sur la roulette, plus un zéro. Supposons que tu joues à pair et impair et que tu mises systématiquement sur pair. Quand la bille s'arrête sur un chiffre pair, le casino te rend deux fois ta mise. Quand la bille tombe sur un chiffre impair, le casino confisque ta mise. Quand la bille tombe sur le zéro, le casino te rend la moitié de ta mise. Cette dernière particularité n'est pas valable dans tous les pays. Certains casinos confisquent toute ta mise, ou bien la roulette comporte non seulement un zéro, mais aussi un double zéro, tous deux au profit de la banque !

Si la roulette est correcte, la bille tombe en moyenne (et donc sur les grands nombres) une fois sur 37 sur le zéro. Tu perds la moitié de ta mise. Les 36 autres possibilités sont qu'elle tombe en moyenne une fois sur deux sur pair. Sur les grands nombres, la loi binomiale impose une perte totale de 1/37 divisée par deux soit

1,35 %. C'est peu et c'est pourquoi je dis qu'il est stupide de perdre des fortunes au casino. Mais c'est suffisant pour qu'il soit exceptionnel d'y faire fortune, si on joue souvent, car alors la loi des grands nombres impose sa loi de 1,35 %.

Quand tu as doublé ta mise initiale 7 fois, tu ne peux plus l'augmenter. Tu as donc définitivement perdu 127 fois ta mise initiale ! La probabilité de perdre 7 fois est de $0{,}5135^7$ (0,5135 exposant 7), soit 1 %. C'est vraiment très faible. Mais, comme tu perds 127 fois ta mise, sur les grands nombres tu es significativement perdante.

Retenons donc que l'augmentation des mises à chaque perte est une mauvaise martingale.

11.4.5. Le Labouchère inversé

Norman Leigh a publié en 1976, aux Editions Albin Michel, « *13 CONTRE LA BANQUE* ». Il y raconte l'épopée d'un groupe de 13 joueurs, appliquant une martingale qu'il appelle *Le Labouchère Inversé*. Il déclare son histoire véridique et affirme que cette martingale leur a fait gagner tant d'argent aux dépens des casinos de la Côte d'Azur que les autorités françaises compétentes leur ont interdit la fréquentation de tous les casinos français, sous peine d'emprisonnement et d'amendes dissuasives.

J'ai lu sur internet que tout le monde ne croit pas que son histoire soit véridique. Je vais donc la confronter à la loi binomiale.

Avec cette martingale, écrit Leigh, on ne perd que des peanuts et c'est donc un programme de raisonnable père de famille. On gagne très rarement une fortune, ce qui devrait tranquilliser les casinos s'ils ne croient pas que l'histoire de Norman Leigh puisse être véridique.

Par rapport à la martingale classique exposée plus haut, le Labouchère Inversé a deux caractéristiques importantes. Le

copyright de 1976 étant encore valable pour des dizaines d'années, je ne vais pas courir le risque d'un procès en vous le révélant en détail. Si vous voulez les détails, le livre est régulièrement disponible sur Amazon.

Mais voici l'essentiel. Quand vous perdez, vous diminuez la mise suivante en la prenant sur vos gains précédents. Quand vous gagnez, vous augmentez vos mises. Remarquez que c'est le casino maintenant qui court après le lièvre ! Vous arrêtez dans deux cas :

1.   Soit quand vous avez perdu tous vos gains et la mise initiale très faible, sans arriver à la mise maximale. Vous revenez alors au départ avec une nouvelle mise initiale minimale. Votre perte n'est jamais qu'une mise initiale, car après, vous n'avez plus misé que des gains antérieurs.

2.   Soit quand vous avez tellement gagné que vous devriez miser plus que la mise maximale autorisée : vous empochez alors votre gain et recommencez avec la mise minimale.

Vos mises, tant en cas de perte qu'en cas de gain, ne varient pas exponentiellement mais arithmétiquement. Pour atteindre ce que Norman Leigh appelle « un champignon » (le cas n°2), il faut, tout au long du champignon, deux fois plus de gains que de pertes.

Examinons la description d'un exemple de champignon que Norman Leigh affirme avoir gagné avec son équipe. Ce champignon a nécessité 47 mises. Le gain cumulé de ces mises atteint 24 159 unités pour une mise initiale de 5 unités. Le gain vaut 4 832 fois la mise initiale.

Quelle la probabilité d'un tel champignon ?

Pour jouer la martingale avec succès et donc atteindre un champignon, il faut au minimum 2 gains sur 3 jeux en moyenne. Voici la loi binomiale correspondante :

Binomiale

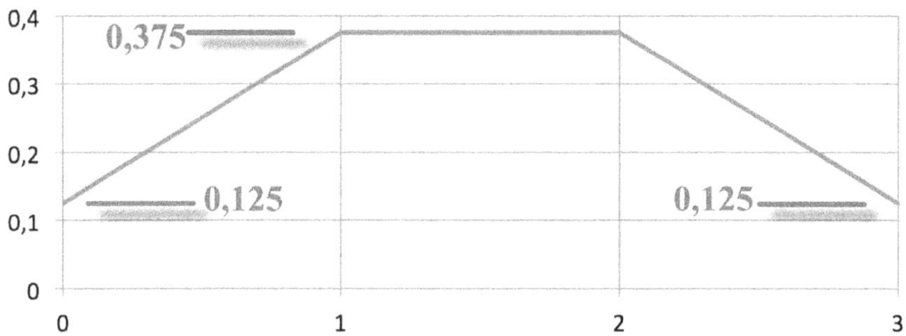

Figure 33 - Probabilité de 2 gains sur 3 mises = 0,375

Nous avons donc une probabilité de 0,5 (50 %) d'avoir 2 ou 3 gains. Pour atteindre le champignon décrit ci-dessus, il faut réaliser 47/3 fois ce type de trois jeux, soit 15,66 fois. La probabilité est de $0,5^{15,66} = 0,0000193139$. Soit 0,00193 %.

En fait, ce calcul n'est pas tout à fait exact. Je n'ai tenu compte que des parties de trois jeux où le nombre de gains était égal ou supérieur à deux. Or, si trois gains successifs sur trois jeux précèdent un gain sur les trois jeux suivants, cela permet de continuer à jouer. En supposant que cela arrive une fois sur deux, les probabilités favorables deviennent 0,5 + 0,125/2 = 0,562, au lieu de 0,5. Il y a encore d'autres hypothèses à envisager qui modifieraient ce chiffre et je suis sûr que vous en avez déjà imaginé une ou deux. Mais les calculs deviennent très compliqués et je pense que cela ne modifierait pas fondamentalement mes conclusions, qui sont écrasantes.

Cela modifie le calcul ci-dessus. $0,562^{15,66} = 0,00012046772$.

Selon Leigh, 12 joueurs (Norman ne jouait pas, il surveillait tout) ont joué pendant 5 jours, 8 heures par jour. À raison de 30 jeux à l'heure, ceci fait de l'ordre de 8*30*12*5 = 14 400 jeux. Mais les champignons ont forcément été réalisés chacun sur une seule table, en un seul jour. En un jour, chaque table avait donc la possibilité de jouer 8*30 = 240 jeux, soit 240 − 47 parties de 47 jeux, soit 193 parties. En 5 jours et à 12 tables, cela fait 11 580 parties.

Dans la distribution ci-dessous, j'établis les probabilités de succès dans l'hypothèse où 11 580 parties sont jouées et où la probabilité de gain pour chacune est de 0,0001204672.

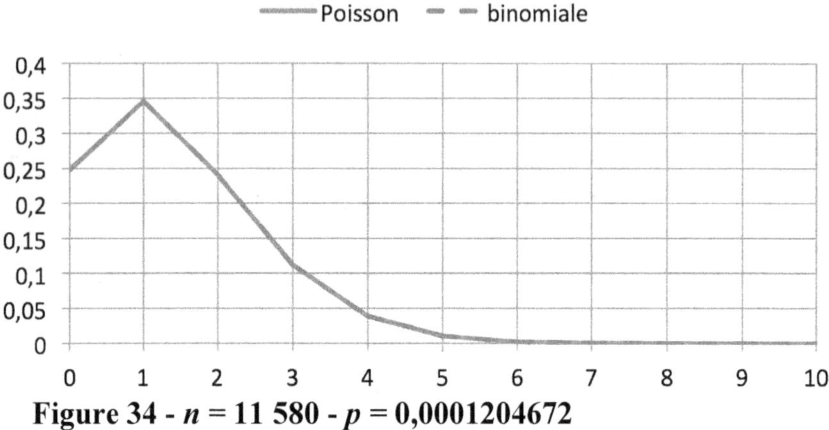

Figure 34 - n = 11 580 - p = 0,0001204672

Sur ses 5 jours de folie, Norman Leigh avait peu de chances d'en gagner plus que 5. Il aurait alors gagné, toujours selon lui, 24 159 unités. Mais en jouant 11 580 parties de 47 jeux, il aurait misé 11 580*47*5 unités, soit 2 721 300 unités. Pour combler sa dépense, il aurait fallu qu'il réussisse 2 721 300/(5*24 159), soit plus de 22 champignons.

Norman Leigh affirme qu'ils ont fait de nombreux champignons, il en évoque cinq. Ou bien il a rêvé son voyage en France, ou bien il a inventé son roman de toutes pièces. Je déconseille à tout le monde de compter s'enrichir de cette façon. Par contre, cela permet-il de passer beaucoup de temps sans trop dépenser à la roulette ? Son récit dit non, il a perdu 22 fois ses gains ! Mais la loi binomiale et sa conséquence, la loi des grands nombres, nous rappellent qu'on ne devrait perdre que 1/37 des mises sur les grands nombres. Son Labouchère inversé serait-il alors plus stupide encore que le doublement des mises jusqu'à la limite supérieure des mises fixée par les casinos ?

11.5. La mécanique quantique et la mécanique classique [8]

Dans « *Dieu joue-t-il aux dés ? ou le paradoxe EPR expliqué à mes petits-enfants* », au chapitre « *L'indétermination quantique* », je décris l'indétermination quantique comme suit : tant que l'on n'a pas mesuré la vitesse ou la position d'une particule, ces deux définitions de la mécanique classiques n'ont pour la particule aucune valeur. Personne ne peut dire où elle est ni quelle est sa quantité de mouvement.

La fonction d'onde de Schrödinger, elle, donne des résultats identiques à ceux des matrices d'Heisenberg, et permet à tout moment pour chaque particule de déterminer les **densités de probabilité** de position et de quantité de mouvement. Et ces densités de probabilité ne viennent pas d'un manque de précision dans les mesures. Elles sont inhérentes au monde de la mécanique quantique, les constituants de l'atome. Pour faire bref, je dirai que les densités de probabilité étant connues par la fonction d'onde de Schrödinger, on peut tout juste dire à tout moment où l'on le plus de chance de trouver une particule, mais qu'il y a une infinité d'autres points où elle peut se trouver, avec une densité de probabilité variable, mais inférieure.

La loi des grands nombres nous apprend que plus le nombre d'observations d'une variable est grand, plus les densités de probabilité observées se concentrent autour de la moyenne. Revoyez à ce sujet les figures 1 et 3, et 21 à 24 relatives à $p = q = 0,5$, et le tableau de conclusion qui les suit ; ainsi que les figures 25 à 30 relatives à $p = 0,001$ et le tableau de conclusion qui les suit, avec les commentaires qui les accompagnent.

Quand Einstein affirme qu'il sait où est la lune, même quand il ne l'observe pas, il est évident qu'il a raison.

---

[8] Voir sous les biographies celle de Vincent Rollet

La différence vient du fait qu'en observant la lune, il n'observe pas une particule, mais presque une infinité. Prenons par exemple 1 kg d'uranium. Nous avons calculé, à la note 29 de « $E = mc^2$ ou *l'histoire de l'équation la plus célèbre de la physique, depuis Newton jusqu'à nos jours* », que ce kg contient $2,56*10^{21}$ atomes d'uranium. Si nous mesurons l'endroit où il se trouve, nous faisons simultanément la même expérience sur $2,56*10^{21}*235$ nucléons plus $2,56*10^{21}*92$ électrons, soit pratiquement 10^{23} particules. C'est presque l'infini devant une particule.

Le *sigma* de la probabilité de présence de ces 10^{23} particules est égal à la racine carrée de $10^{23}*p*q$. Même en mettant $p = 0,01$ et $q = 0,99$ pour le volume d'espace le plus probable, cela représente de l'ordre de 10^{11} entre le *sigma* de la mesure ($\sqrt{npq}$) et le nombre n d'observations. Le rapport entre la valeur de *sigma* et l'ampleur de la binomiale est, pour la particule isolée, de l'ordre de 1 %. Pour le kg d'uranium, il est de l'ordre de 10^{-12}. Cela n'est plus visible au microscope le plus puissant.

Quant à la lune, elle fait largement plus de 10^{40} particules. Le *sigma* de son observation est donc de l'ordre de 10^{20}. Le rapport entre le *sigma* et le n de particules est donc de 10^{20}. Et en plus, la lune est à plus de 400 000 km. Voilà pourquoi Einstein peut sans crainte affirmer que la lune est bien là où il le calcule, même s'il ne la regarde pas ! L'erreur qu'il commet est inaccessible à quelque moyen d'observation que ce soit.

En résumé, nous pouvons dire que, pour les mesures de quantités physiques, la mécanique quantique est la seule à être " exacte ", mais que l'utilisation de la mécanique classique ne sera jamais, quels que soient les moyens connus utilisés actuellement, et pour longtemps encore, prise en défaut, puisque la loi des grands nombres est une conséquence de la loi binomiale qui est valable dans n'importe quelle théorie mécanique, car universellement naturelle. Elle a été créée en même temps que l'univers.

Il n'en reste pas moins que le paradoxe EPR n'est toujours pas résolu et que la mécanique quantique n'a donc pas encore pu absorber toute entière la mécanique classique. Et je ne crois pas que je verrai cette unification ![9]

11.6. *Un singe peut-il dactylographier un livre par hasard ?*

Vous avez sans doute déjà lu que la loi des grands nombres permet de dire que, avec suffisamment de temps, un singe pourrait dactylographier par hasard un texte classique.

Supposons un texte de 150 000 caractères (un petit texte de 50 pages format A4) et 100 caractères différents possibles (lettres majuscules et minuscules, virgules, espaces, etc.). Le nombre de possibilités différentes de textes est de $100^{150\,000}$: pour taper le premier caractère, le singe a 100 possibilités, et idem pour les 150 000 caractères suivants. La probabilité de réussir à dactylographier convenablement le texte au premier essai est donc l'inverse de $100^{150\,000}$. Aucun ordinateur actuel n'est capable de traiter quelque loi statistique que ce soit avec pareille (im)probabilité.

La seule chose que l'on peut affirmer, grâce à une heureuse particularité mathématique de la loi de Poisson, c'est qu'en faisant $100^{150\,000}$ essais de dactylographier le tout petit livre de 150 000 caractères, le singe a une probabilité (arrondie à deux décimales) de 63,21 % de réussir son exploit. À raison de deux caractères à la seconde, cela lui prendra 75 000 secondes par exemplaire, soit 21 h. Mettons trois jours. En un milliard d'années, il en dactylographiera $1,2167*10^{11}$. Voyez ce que cela représente par rapport à $100^{150\,000}$!

Ce n'est pas en milliers d'années, mais en milliards de milliards de milliards de ... de singes, sur des milliards de milliards de milliards de ... d'années, sur des milliards de milliards de milliards de ... planètes, dans des milliards de milliards de milliards de ... de galaxies, dans des milliards de milliards de milliards de ... d'univers comme le nôtre que l'on doit estimer le temps de travail

---

[9] Je suis né en 1933 !

d'un cheptel de singes pour avoir une probabilité de 63,21 % de dactylographier un petit livre donné de 150 000 caractères.

D'accord, c'est théoriquement possible. La loi des grands nombres est indiscutable. Mais nous ne pourrons jamais l'expérimenter dans ce cas. Nous savons qu'il n'existe pas de milliards de singes sur terre à mettre au travail et il n'y a selon moi aucune raison d'affirmer qu'il existe des milliards d'univers comme le nôtre. Cool ! Ce n'est pas demain la veille qu'on verra l'exploit.

Conclusion

La science statistique telle qu'on me l'a enseignée est rébarbative et je constate que beaucoup de personnes pensent comme moi. Mon travail pendant quelques années au service d'étude d'une grande banque belge m'a imposé une utilisation très pointue de cette science. Là, j'ai découvert toute sa rigueur, sa beauté (et spécialement celle du binôme de Newton), son efficacité dans des cas pratiques et la conviction qu'elle permet d'emporter.

Savez-vous que vous faites des statistiques à longueur de journée ? Comment savez-vous à quelle heure partir travailler ? La première fois, vous partez bien à l'heure pour être sûr d'arriver bien à temps. En peu de temps, l'expérience vous apprend qu'en partant à telle heure cela suffit. En fonction de l'importance que vous accordez (ou pas ?) à la ponctualité, vous partirez plus ou moins tôt. Bien sûr, vous n'avez sans doute rien calculé. Mais n'empêche que c'est par la statistique que vous avez résolu votre problème. Faites un petit retour sur vos dernières décisions. En examinant rétrospectivement le processus que vous avez suivi, vous y trouverez toujours une part d'évaluation statistique, dépendant de vos multiples expériences de vie.

Si vous vous prenez au jeu, vous allez peut-être constater que l'un de vos problèmes peut être soumis à la loi binomiale. Cela vous donnera plus de confiance dans votre décision.

« *L'immense livre de l'univers est écrit dans la langue mathématique* », écrivait Galilée. S'il avait connu la mécanique quantique, il aurait ajouté : « *et le monde de l'infiniment petit, avec son paradoxe EPR, n'obéit qu'à des lois statistiques* ».

J'espère qu'un de mes lecteurs va découvrir cela dans ce livre. Et qu'il dira aux étudiants qui ne comprennent rien au cours qui leur est donné que ce n'est pas de leur faute, mais de celle de leur professeur qui ne pense qu'à manipuler des équations rebutantes, sans en faire voir le substrat et l'utilité.

La puissance du binôme nous permet de proposer des solutions vraisemblables à des questions comme celles qui sont évoquées au chapitre *11. Cinq exemples.* Y auriez-vous pensé ?

Cher lecteur, j'attends vos commentaires avec impatience. Sur mon blog peut-être (pierrevanleeuw.wordpress.com) ? J'y ai, entre autres, une rubrique Statistiques qui vous intéressera peut-être.

Biographies succinctes

John Napier, aussi appelé aussi Neper (1550 – 4 avril 1617)
Il est à l'origine du concept de logarithme comme outil mathématique pour aider au calcul des racines, des produits, et des quotients au moyen de tables de logarithmes diverses, utilisées dans les calculs astronomiques. Il inventa à cet effet un système de calcul qui est l'ancêtre de la règle à calcul. Il inventa le logarithme népérien, dit logarithme naturel. Le logarithme naturel de x est la puissance à laquelle il faut élever e pour trouver x. Il est à la base de la Loi Normale. John Napier était protestant pratiquant sans compromis et il prit part de façon très active aux différends entre catholiques et protestants. Il inventa des armes militaires conçues *« par la grâce de Dieu »*.

Blaise Pascal (19 juin 1623 – 19 août 1662)
Mathématicien, physicien et écrivain religieux qui eut une grande influence sur son temps. Il inventa une machine à calculer pour aider son père, fonctionnaire fiscal (mais cette machine avait parfois des ratés !). Ses études sur l'hydrodynamique lui firent découvrir la loi de Pascal : dans un fluide au repos dans un récipient étanche, un changement de pression en un point du liquide est transmis à n'importe quel endroit du fluide et sur toute partie du récipient étanche. D'où les pistons hydrauliques et les seringues. Adepte de Port Royal, il rédigea *« Les pensées »*, textes religieux édifiants dont fait partie le pari de Pascal dont on m'a bassiné les oreilles durant mais études de collégien. Mais ce pari est faussé par l'idée janséniste de l'époque : *« Hors de l'église pas de salut »*. Il ne reste plus beaucoup de responsables catholiques pour oser affirmer cela ! On lui attribue à tort le « triangle de Pascal » que j'évoque au chapitre 3. Tout comme le binôme de Newton, il était connu des Arabes et des Chinois depuis les XIème et XIIème siècles. Et notamment de Omar Khayyam, qui suit.

Omar Khayyam (18 mai 1048 – 4 décembre 1131)

Poète persan, licencieux pour l'époque, à qui l'on doit le célèbre quatrain :

Mais vraiment ceux qui vendent
le vin m'étonnent :
Que peuvent-ils acheter de meilleur
que ce qu'ils vendent ?

Il était également mathématicien et astronome. À ses heures de sobriété.

Isaac Newton (1642 – 1727)

Probablement le plus grand philosophe de tous les temps ! Einstein, quand il a dû le contredire, lui a demandé pardon avec respect, à travers les siècles. Newton naît l'année de la mort de Galilée, comme pour recueillir son héritage. Et quel fructueux usage il va en faire ! Nous avons abondamment présenté Newton dans le chapitre 2 de « *La gravité, ça creuse ! ou l'histoire de la gravité expliquée à mes petits-enfants, depuis Aristarque jusqu'à Einstein* ». Nous avons insisté alors sur ses trois lois du mouvement et sur sa présentation de la gravitation universelle. Ce livre-ci est un hommage respectueux supplémentaire pour cette merveilleuse équation. Il faut cependant tempérer notre respect, car ce binôme était déjà connu des Arabes depuis le XIème siècle et depuis le XIIème siècle par les Chinois. Mais c'est Newton qui a généralisé la formule du binôme à des exposants réels quelconques, et plus seulement des exposants entiers positifs. Mais ça, comme disait Kipling, c'est une histoire pour grandes personnes !

Carl Friedrich Gauss (30 avril 1777 – 23 février 1855)

Sa révolutionnaire théorie des nombres révolutionna les mathématiques du XIXème siècle. Il introduit l'arithmétique des nombres complexes $a + b\sqrt{-1}$ et donne une explication détaillée de la présentation des nombres complexes dans un plan x, y. Il fut le seul, début 1801, à pouvoir déterminer l'orbite de l'astéroïde Ceres en trois observations, avec une précision telle que les astronomes purent le retrouver sans problème fin 1801, après son passage derrière le soleil. Sa méthode, décrite en 1809 dans « *Theoria Motus Corporum Cœlestium* », est toujours utilisée actuellement, adaptée aux ordinateurs actuels. Il est l'inventeur de la courbe en forme de cloche que j'ai utilisée dans la plupart de mes graphiques comme substitut de la Loi Binomiale. Il fut le premier à douter que la géométrie euclidienne soit inhérente à la nature, notamment avec son axiome sur les parallèles. Quand Lobachevsky publie en 1830 sa géométrie non euclidienne, Gauss annonce qu'il est arrivé aux mêmes conclusions 30 ans plus tôt ! Dans les débuts de la relativité générale, Einstein dira qu'il a établi des lois physiques valables *relativement à n'importe quel système de référence*, mais il se corrigera rapidement par *n'importe quel système de coordonnées de Gauss*. Il y a encore beaucoup de choses à dire sur Gauss, mais vous pouvez tout retrouver sur internet, si vous en avez la curiosité.

Vincent Rollet

J'ai lu récemment « *La mécanique quantique* » de Vincent Rollet. Il y fait une liaison entre la mécanique quantique et la relativité qui m'a charmé. Les lois probabilistes sont à la base de n'importe quelle physique, classique ou pas. Mais elles ne sont visibles en détail qu'au niveau de la particule. En physique classique, on ne traite que d'ensembles énormes de particules. Toutes les lois de la mécanique classique (Galilée, Newton, Einstein) sont donc soumises à la loi des grands nombres que je décris au chapitre 10. Les valeurs observées sont donc toutes extrêmement rapprochées de la moyenne, au point qu'on ne peut plus les distinguer. So simple is that ! Mais, à mon avis, sa démonstration est fausse. J'ai envoyé des commentaires sur deux de ses différents sites, mais je n'ai pas encore sa réponse. Voici un de mes commentaires :

Ce livre est clair et bien écrit. Excellente introduction à la physique quantique. Vincent Rollet devrait supprimer le graphique 1.7. qui est incompréhensible pour un praticien des statistiques et de la loi de Gauss ! Puis-je rappeler à Vincent Rollet que la loi de Gauss est la généralisation de la binomiale de Newton ? Pour cette loi, il doit admettre qu'il n'y a aucune valeur au-delà de n, le nombre d'essais. Son graphique dessine sur la même abscisse et la même échelle des courbes de Gauss qui sont basées sur des n fort différents.

Je rédige des livres de vulgarisation scientifique. Je suis occupé à rédiger le sixième, intitulé « L'équation merveilleuse », et traite des merveilles intellectuelles de cette équation qui est la formulation scientifique d'une loi de la nature. J'en déduis la loi des grands nombres en montrant que la plage utile diminue à mesure que n augmente. Il est impossible de montrer cela sur un même graphique, comme vous essayez de le faire, car chaque valeur de n nécessite une autre échelle d'abscisse, fort différente des précédentes.

Je montre par quelques exemples des conséquences philosophiques de la loi des grands nombres. Le passage du quantique à la relativité est un exemple, mais j'ajoute quand même qu'il n'explique nullement le paradoxe EPR, que je détaille dans un autre livre.

Profil des auteurs

Pierre et Marie-Noëlle Van Leeuw sont père et fille, tous deux ingénieurs civils, et respectivement grand-père et mère de Ciboulette, Natiouchka et Greg, les héros de cette histoire.

Pierre Van Leeuw a eu une vie professionnelle variée qui a duré jusqu'à ses 75 ans.

Successivement Ingénieur au Corps des Mines de Belgique, responsable de la fabrique d'huiles d'une société pétrolière dans le port d'Anvers, chercheur au service d'études économiques de la première banque belge, responsable de son service de documentation, créateur et directeur général d'une filiale belge commune de cette banque avec la première société de factoring américaine, puis conseiller à la réorganisation du groupe chimique d'une importante holding belge.

À 56 ans, l'heure était venue pour lui de mettre toute cette expérience à profit pour créer sa propre société de consulting en management d'abord, en management de la qualité (normes ISO 9000) ensuite. Ses clients ont couvert une gamme d'activité étendue : bureau d'étude en Public Relations, chaudronnerie, société métallurgique, société chimique internationale, premier distributeur d'électricité en Belgique, banque publique, fédération industrielle, etc, soit une cinquantaine de clients en 20 ans pour des relations de longue durée, plus de dix ans pour quelques-uns. Les dernières années furent uniquement consacrées à rédiger des systèmes de qualité pour des services hospitaliers. Le choc des cultures entre l'ingénieur et des médecins !

Entre-temps sa curiosité a amené Pierre à étudier la relativité et la mécanique quantique. Ses études d'ingénieur lui permettaient d'aborder ces domaines dont il n'avait pas entendu parler pendant ses cinq ans d'étude. Marie-Noëlle, à qui il explique qu'il est possible de rendre cela compréhensible sans fatras mathématique, lui demande tout de go de rédiger des livres pour ses enfants. Bon-Papa a déjà produit six manuscrits, dont celui-ci est le sixième.

Marie-Noëlle Van Leeuw a travaillé comme chef de projet dans un bureau d'études spécialisé en acoustique et vibrations des voies ferrées. Passionnée de livres, elle a développé en parallèle une maison d'éditions dont le but est de permettre la production de livres contenant beaucoup d'illustrations couleurs, tout en maintenant leur prix très abordable, même édités en très petit nombre. Les Éditions Maison/Home-Made Publishing ont tout naturellement évolué vers l'édition de livres électroniques, sous le label Éditions des 3 hibouks, avec les fonctionnalités d'animation et d'interactivité les plus avancées disponibles sur les différents e-readers actuels. Les Éditions des 3 hibouks (3hibouks.com) offrent aux auteurs leur expertise en création de livres numériques et pour l'illustration de ceux-ci.

Avec son père, Pierre Van Leeuw, Marie-Noëlle a publié des livres de vulgarisation scientifique, dont les premiers tômes sont disponibles en version numérique.

Elle vit dans la banlieue de Bruxelles en Belgique avec son mari, ses trois enfants et leur chien (lesquels enfants et chien sont les héros de « *Notre escapade dans l'espace-temps ou la Relativité Restreinte expliquée à mes petits-enfants* » et des ouvrages suivants).

Crédits photographiques

Couverture : NASA/JPL-Caltech/Univ. of Toronto (NASA ID : PIA14885)

À suivre...

Retrouvez Bon-Papa, Ciboulette,
Natiouchka, Greg et Mouillette
dans

Le temps existe-t-il ?
ou
le temps expliqué
à mes petits-enfants